华北理工大学学术著作出版基金资助出版

煤矿灾害事故评价方法

张嘉勇　邱利　张爱霞　著

北京
冶金工业出版社
2018

内 容 提 要

本书介绍了煤矿安全评价的基础知识、评价单元划分的依据，同时举例分析了煤矿常用的评价方法；重点阐述了几种煤矿安全评价指标权重计算方法、事故预测方法以及动态评价的思路、安全评价软件的设计理念及方案。

本书可供煤矿作业人员以及其他相关领域的工程技术人员阅读，也可供大专院校有关师生参考。

图书在版编目(CIP)数据

煤矿灾害事故评价方法/张嘉勇，邱利，张爱霞著.—北京：冶金工业出版社，2018.1

ISBN 978-7-5024-7699-1

Ⅰ.①煤… Ⅱ.①张… ②邱… ③张… Ⅲ.①煤矿—矿山事故—事故分析 Ⅳ.①TD77

中国版本图书馆 CIP 数据核字（2018）第 012894 号

出 版 人 谭学余
地　　址 北京市东城区嵩祝院北巷 39 号 邮编 100009 电话 (010)64027926
网　　址 www.cnmip.com.cn 电子信箱 yjcbs@cnmip.com.cn
责任编辑 赵亚敏 美术编辑 吕欣童 版式设计 孙跃红
责任校对 李 娜 责任印制 李玉山
ISBN 978-7-5024-7699-1
冶金工业出版社出版发行；各地新华书店经销；固安华明印业有限公司印刷
2018 年 1 月第 1 版，2018 年 1 月第 1 次印刷
169mm×239mm；11.25 印张；219 千字；171 页
54.00 元

冶金工业出版社 投稿电话 (010)64027932 投稿信箱 tougao@cnmip.com.cn
冶金工业出版社营销中心 电话 (010)64044283 传真 (010)64027893
冶金书店 地址 北京市东四西大街 46 号(100010) 电话 (010)65289081(兼传真)
冶金工业出版社天猫旗舰店 yjgycbs.tmall.com

前言

煤矿井下生产系统是一个由人、机、环境组成的复杂系统，作业单元和空间分布都极其复杂，存在瓦斯爆炸、煤尘爆炸、突水、井下火灾、顶板事故、瓦斯突出、机电事故等灾害和危险。评价煤矿灾害事故诱发因素危险状态，对于制定有效应对措施和保障煤矿安全持续生产具有重要意义。

本书共分为6章，第1章至第4章由华北理工大学张嘉勇撰写，第5章由华北理工大学张爱霞撰写，第6章由华北理工大学邱利撰写。第1章介绍了煤矿安全评价的基础知识；第2章介绍了煤矿危险、有害因素辨识的方法和评价单元划分的依据；第3章主要介绍了煤矿安全评价的方法，包括安全检查表法、事故树分析法、事件树分析法、危险性预先分析法、专家评议法、工程类比法、危险指数评价法和概率风险评价法，并通过实例详解了各种评价方法的应用；第4章介绍了几种计算煤矿安全评价指标权重的方法，重点介绍了层次分析法的分析和计算过程；第5章介绍了事故预测的原理、方法以及动态评价的思路；第6章介绍了模糊综合评价软件设计方案、事件树分析软件设计方案和事故树分析软件设计方案。

本书既具有科学性、知识性，又具有实用性与知识普及性，可供煤矿企业从业人员学习、了解安全评价相关知识，提高从业人员的安全管理水平。

本书在撰写过程中，得到了开滦（集团）有限责任公司通防部和技术中心的大力支持，对此，表示衷心的感谢。另外，向在本书撰写过程中给予支持的领导、专家、学者表示最诚挚的感谢！

由于作者水平所限，书中未能详尽煤矿安全评价理论和方法，疏漏和不妥之处，敬请读者批评指正。

著 者

2017 年 10 月

目　录

1 煤矿安全评价概述

1.1 安全评价概述、目的及意义

1.1.1 安全评价概述

安全评价是利用系统工程方法对拟建或已有工程、系统可能存在的危险性及其可能产生的后果进行综合评价与预测，并根据可能导致事故风险的大小，提出相应的安全对策措施，以达到工程、系统安全的过程。安全评价应贯穿于工程、系统的设计、建设、运行和退役整个生命周期的各个阶段。对工程、系统进行安全评价既是企业、生产经营单位搞好安全生产的重要保证，也是政府安全监察管理的需要。

安全评价，在国外也叫“风险评价”（risk assessment），简称RA。安全评价是指运用定量或定性的方法，对建设项目或生产经营单位存在的职业危险因素和有害因素进行识别、分析和评估，找出事故隐患，然后消除或减少危险性，使危险降低到人们可以接受的水平。

1.1.2 安全评价的目的及意义

1.1.2.1 安全评价的目的

安全评价的目的是查找、分析和预测工程、系统存在的危险、有害因素及可能导致的危险、危害后果和程度，提出合理可行的安全对策措施，指导危险源监控和事故预防，以达到最低事故率、最少损失和最优的安全投资效益。

安全评价要达到的目的包括以下4个方面：

（1）促进实现本质安全化生产。从工程、系统设计、建设、运行等过程对事故和事故隐患进行科学分析，针对事故和事故隐患发生的各种可能原因事件和条件，提出消除危险的最佳技术措施方案。特别是从设计上采取相应措施，实现生产过程的本质安全化，做到即使发生误操作或设备故障时，系统存在的危险因素也不会因此导致重大事故发生。

（2）实现全过程安全控制。在设计之前进行安全评价，可避免选用不安全的工艺流程和危险的原材料以及不合适的设备、设施，或必须采用时，提出降低或消除危险的有效方法。设计之后进行的评价，可查出设计中的缺陷和不足，及早采取改进和预防措施。系统建成以后运行阶段进行的系统安全评价，可了解系统的现实危险性，为进一步采取降低危险性的措施提供依据。

(3) 建立系统安全的最优方案，为决策提供依据。通过安全评价分析系统存在的危险源、分布部位、数目、事故的概率、事故严重度，预测和提出应采取的安全对策措施等，决策者可以根据评价结果选择系统安全最优方案和管理决策。

(4) 为实现安全技术、安全管理的标准化和科学化创造条件。通过对设备、设施或系统在生产过程中的安全性是否符合有关技术标准、规范相关规定的评价，对照技术标准、规范找出存在问题和不足，以实现安全技术和安全管理的标准化、科学化。

1.1.2.2 安全评价的意义

安全评价的意义在于可有效地预防事故发生，减少财产损失和人员伤亡。安全评价与日常安全管理及安全监督监察工作不同，它从技术带来的负效应出发，分析、论证和评价由此产生的损失和伤害的可能性、影响范围、严重程度及应采取的对策和措施等。安全评价的意义可以概括为以下5个方面：

(1) 安全评价是安全生产管理的一个必要组成部分。“安全第一，预防为主，综合治理”是我国的安全生产基本方针，作为预测、预防事故重要手段的安全评价，在贯彻安全生产方针中有着十分重要的作用，通过安全评价可确认生产经营单位是否具备了安全生产条件。

(2) 有助于政府安全监督管理部门对生产经营单位的安全生产实行宏观控制。安全预评价将有效地提高工程安全设计的质量和投产后的安全可靠程度；投产时的安全验收评价将根据国家有关技术标准、规范对设备、设施和系统进行符合性评价，提高安全达标水平；系统运转阶段的安全技术、安全管理、安全教育等方面的安全状况综合评价，可观地对生产经营单位安全水平做出结论，使生产经营单位不仅了解可能存在的危险性，从而明确如何改进安全状况，同时也为安全监督管理部门了解生产经营单位安全生产现状、实现宏观控制提供基础资料；通过专项安全评价，可为生产经营单位和政府安全监督管理部门提供管理依据。

(3) 有助于安全投资的合理选择。安全评价不仅能确认系统的危险性，而且还能进一步考虑危险性发展为事故的可能性、事故造成损失的严重程度，进而计算事故造成的危害，即风险率，并以此说明系统危险可能造成负效益的大小，以便合理地选择控制、消除事故发生的措施，确定安全措施投资的多少，从而使安全投入和可能减少的负效益达到合理的平衡。

(4) 有助于提高生产经营单位的安全管理水平。安全评价可以使生产经营单位安全管理变事后处理为事先预测、预防。传统安全管理方法的特点是凭经验进行管理，多为事故发生后再进行处理的“事后过程”。通过安全评价，可以预先识别系统的危险性，分析生产经营单位的安全状况，全面地评价系统及各部分的危险程度和安全管理状况，促使生产经营单位达到规定的安全要求。

安全评价可以使生产经营单位安全管理变纵向单一管理为全面系统管理。安全评价使生产经营单位所有部门都能按照要求认真评价本系统的安全状况，将安全管理范围扩大到生产经营单位各个部门、各个环节，使生产经营单位的安全管理实现全员、全面、全过程、全时空的系统化管理。

系统安全评价可以使生产经营单位安全管理变经验管理为目标管理。仅凭经验、主观意志和思想意识进行安全管理，没有统一的标准、目标。安全评价可以使各部门、全体职工明确各自的安全指标要求，在明确的目标下，统一步调，分头进行，从而使安全管理工作科学化、统一化、标准化。

（5）有助于生产经营单位提高经济效益。安全预评价可减少项目建成后由于安全要求引起的调整和返工建设。安全验收评价可把一些潜在事故消除在设施开工运行前，安全现状综合评价可使生产经营单位较好地了解可能存在的危险并为安全管理提供依据。生产经营单位的安全生产水平的提高无疑可带来经济效益的提高，使生产经营单位真正实现安全、生产和经济的同步增长。

1.2 安全评价的分类

按照不同的分类标准，安全评价的类型很多，具体有以下几种分类方法。

（1）按照评价对象演变的过程和阶段分类：

1）预先评价：通过评价和预测所获得的信息，可在系统计划或设计阶段加以修正，提高系统的安全性；

2）中间评价：在系统研制途中，用来判断是否有必要变更目标；

3）运行评价：系统开发完成，投入使用时，对整个项目进行评价；

4）跟踪评价：项目完成投入使用过程中进行的评价。

（2）按照工业安全管理内容分类：

1）工厂设计的安全性评审；

2）安全管理的有效性评价；

3）生产设备的安全性评价；

4）行为的安全性评价；

5）作业环境和环境质量评价；

6）化学物质的物理化学危险性评价。

（3）按照研究目的、特定的安全领域分类：

1）安全技术评价；

2）社会评价。

(4) 按照评价方法的特征分类:

1) 定性评价;

2) 定量评价;

3) 综合评价。

(5) 按照评价性质分类:

1) 系统固有危险性评价;

2) 系统安全管理状况评价;

3) 系统现实危险性评价。

(6) 按照评价规模和范围分类:

1) 地区性风险评价;

2) 行业评价;

3) 静、动态安全评价。

(7) 按照工程、系统生命周期和评价的目的分类:

1) 安全预评价;

2) 安全验收评价;

3) 安全现状评价;

4) 专项安全评价。

实际它是3大类，即安全预评价、安全验收评价、安全现状综合评价，专项安全评价应属于安全现状评价的一种，属于政府在特定的时期内进行专项整治时开展的评价。本书所述的安全评价则属于安全预评价、安全验收评价、安全现状综合评价。

1.2.1 安全预评价

(1) 定义。安全预评价是根据建设项目可行性研究报告的内容，分析和预测该建设项目可能存在的危险、有害因素的种类和程度，提出合理可行的安全对策措施及建议。安全预评价实际上就是在项目建设前应用安全评价的原理和方法对系统（工程、项目）的危险性、有害性进行预测性评价。

安全预评价可概括为以下4点:

1) 安全预评价是一种有目的的行为，它是在研究事故和危害为什么会发生、是怎样发生的和如何防止发生等问题的基础上，回答建设项目依据设计方案建成后的安全性如何、能否达到安全标准的要求及如何达到安全标准、安全保障体系的可靠性如何等至关重要的问题。

2) 安全预评价的核心是对系统存在的危险、有害因素进行定性、定量分析，即针对特定的系统范围，对发生事故、危害的可能性及其危险、危害的严重程度进行评价。

3）安全预评价用有关标准对系统进行衡量，分析、说明系统的安全性。

4）安全预评价的最终目的是确定采取哪些优化的技术、管理措施，使各子系统及建设项目整体达到安全标准的要求。

（2）目的。安全预评价的目的是贯彻“安全第一，预防为主，综合治理”方针，为建设项目初步设计提供科学依据，以利于提高建设项目本质安全程度。

（3）对象。安全预评价以拟建项目作为研究对象，根据建设项目可行性研究报告提供生产工艺过程、使用和产出的物质、主要设备和操作条件等，研究系统固有的危险及有害因素，应用系统安全工程的方法，对系统的危险度和危害性进行定性、定量分析，确定系统危险、有害因素及其危险、危害程度；针对主要危险、有害因素及其可能产生的危险、危害后果提出消除、预防和降低的对策措施；评价采取措施后的系统是否能满足规定的安全要求，从而得出建设项目应如何设计、管理才能达到安全指标要求的结论。

（4）内容。安全预评价内容主要包括危险、有害因素识别，危险度评价和安全对策措施及建议。

（5）程序。安全预评价程序一般包括：准备阶段；危险、有害因素识别与分析；确定安全预评价单元；选择安全预评价方法；定性、定量评价；提出安全对策措施及建议；编制安全预评价报告。

1）准备阶段。明确被评价对象和范围，进行现场调查和收集国内外相关法律法规、技术标准及建设项目资料。

2）危险、有害因素识别与分析。根据被评价的工程、系统的情况，识别和分析危险、有害因素，确定危险、有害因素存在的部位、存在的方式、事故发生的途径及其变化的规律。

3）确定安全预评价单元。在危险、有害因素识别和分析基础上，根据评价的需要，将系统划分为若干个评价单元。划分评价单元的一般性原则应按生产工艺功能、生产设施设备之间的位置、危险有害因素类别及事故范围划分评价单元，使评价单元相对独立。

4）选择安全预评价方法。根据被评价对象的特点，选择科学、合理、适用的定性、定量评价方法。

5）定性、定量评价。根据选择的评价方法，对危险、有害因素导致事故发生的可能性和严重程度进行定性、定量评价，以确定事故可能发生的部位、频次、严重程度的等级及相关结果，为制定安全对策措施提供科学依据。

6）提出安全对策措施及建议。根据定性、定量评价结果，提出消除或减弱危险、有害因素的技术和管理措施及建议。

安全对策措施应包括以下几个方面：①总图布置和建筑方面安全措施；②工艺和设备装置方面安全措施；③安全工程设计方面对策措施；④安全管理方面对

策措施；⑤应采取的其他综合措施；⑥给出安全预评价结论。

简要列出主要危险、有害因素评价结果，指出建设项目应重点防范的重大危险、有害因素，明确应重视的重要安全对策措施，给出建设项目从安全生产角度是否符合国家有关法律、法规、技术标准的结论。

7）编制安全预评价报告。安全预评价报告的内容应能反映安全预评价的任务，即建设项目的主要危险、有害因素评价；建设项目应重点防范的重大危险、有害因素；应重视的重要安全对策措施；建设项目从安全生产角度是否符合国家有关法律、法规、技术标准。

（6）审理。建设单位按有关要求将安全预评价报告交由具备能力的行业组织或具备相应资质条件的中介机构组织专家进行技术评审，并由专家评审组提出评审意见。

预评价单位根据审查意见，修改、完善预评价报告后，由建设单位按规定报有关安全生产监督管理部门备案。

1.2.2　安全验收评价

（1）定义。安全验收评价是在建设项目竣工验收之前、试运行正常后，通过对建设项目的设施、设备、装置实际运行状况及管理状况的安全评价，查找该建设项目投产后存在的危险、有害因素，确定其程度并提出合理可行的安全对策措施及建议。

（2）目的。安全验收评价的目的是贯彻“安全第一，预防为主，综合治理”方针，为建设项目安全验收提供科学依据，对未达到安全目标的系统或单元提出安全补偿及补救措施以利于提高建设项目本质安全程度，满足安全生产要求。

（3）对象。安全验收评价是为安全验收进行的技术准备，最终形成的安全验收评价报告将作为建设项目“三同时”安全验收审查的依据。在安全验收评价中，应再次检查安全预评价中提出的安全对策的可行性，保证这些对策措施在安全生产过程中的有效性以及在设计、施工和运行中的落实情况，包括：各项安全措施落实情况，施工过程中的安全设施和监理情况，安全设施的调试、运行和检测情况以及各项安全管理制度的落实情况等。

（4）内容。

1）检查建设项目中安全设施是否与主体工程同时设计、同时施工、同时投入生产和使用；评价建设项目及与之配套的安全设施是否符合国家有关安全生产的法律法规和技术标准。

2）整体上评价建设项目的运行状况和安全管理是否正常、安全、可靠。

（5）程序。安全验收评价程序一般包括：前期准备；编制安全验收评价计划；安全验收评价现场检查；编制安全验收评价报告。

1）前期准备。明确被评价对象和范围；进行现场调查，收集国内外相关法律法规、技术标准及建设项目的资料（包括初步设计、变更设计、安全预评价报告、各级批复文件）等。

2）编制安全验收评价计划。在前期准备工作的基础上，分析项目建成后主要危险、有害因素的危险与控制情况，依据有关安全生产的法律法规和技术标准，确定安全验收评价的重点和要求；依据项目实际情况选择验收评价方法；测算安全验收评价进度。

3）安全验收评价现场检查。按照安全验收评价计划对安全生产条件与状况独立进行验收评价，并进场检查。评价机构对现场检查及评价中发现的隐患或尚存在的问题，提出改进措施及意见。

4）编制安全验收评价报告。根据安全验收评价计划和验收评价现场检查所获得的数据，依照相关法律、法规、技术标准，编制安全验收评价报告。

1.2.3 安全现状综合评价

（1）定义。安全现状综合评价是在系统生命周期内的生产运行期，通过对生产经营单位的生产设施、设备、装置实际运行状况及管理状况的调查、分析，运用安全系统工程的方法，进行危险、有害因素的识别及其危险度的评价，查找该系统生产运行中存在的事故隐患并判定其危险程度，提出合理可行的安全对策措施及建议，使系统在生产运行期内的安全风险控制在安全、合理的程度内。

（2）目的。安全现状评价的目的是针对生产经营单位（某一个生产经营单位总体或局部的生产经营活动）的安全现状进行的安全评价，通过评价查找其存在的危险、有害因素并确定危险程度，提出合理可行的安全对策措施及建议。

（3）对象。安全现状评价是对在用生产装置、设备、设施、储存、运输及安全管理状况进行的全面综合安全评价，不仅包括生产过程的安全设施，也包括生产经营单位整体的安全管理模式、制度和方法等安全管理体系的内容。

（4）内容。这种对在用生产装置、设备、设施、储存、运输及安全管理状况进行的全面综合安全评价，是根据政府有关法规的规定或是根据生产经营单位职业安全、健康、环境保护的管理要求进行的，主要包括以下内容：

1）收集评价所需的信息资料，并用恰当的方法进行危险、有害因素识别。

2）对于可能造成重大后果的事故隐患，采用科学合理的安全评价方法建立相应的数学模型进行事故模拟，预测极端情况下事故的影响范围、最大损失，以及发生事故的概率，给出量化的安全状态参数值。

3）对发现的事故隐患，根据量化的安全状态参数值，进行整改优先度排序。

4）提出安全对策措施与建议。

（5）程序：

1）前期准备。明确评价的范围，收集所需的各种资料，重点收集与现实运行状况有关的各种资料与数据，包括涉及生产运行、设备管理、安全、职业危害、消防、技术检测等方面内容。评价机构依据生产经营单位提供的资料，按照确定的评价范围进行评价。

安全现状综合评价所需主要资料从以下方面收集：

①工艺；

②物料；

③生产经营单位周边环境情况；

④设备相关资料；

⑤管道；

⑥电气、仪表自动控制系统；

⑦公用工程系统；

⑧事故应急救援预案；

⑨规章制度及企业标准；

⑩相关的检测和检验报告。

2）危险、有害因素和事故隐患的识别。应针对评价对象的生产运行情况及工艺、设备的特点，采用科学、合理的评价方法，进行危险、有害因素识别和危险性分析，确定主要危险部位、物料的主要危险特性，有无重大危险源，以及可能导致重大事故的缺陷和隐患。

3）定性、定量评价。根据生产经营单位的特点，确定评价的模式及采用的评价方法。

安全现状综合评价在系统生命周期内的生产运行阶段，应尽可能地采用定量化的安全评价方法，通常采用“危险性预先分析—安全检查表检查—危险指数评价—重大事故分析与风险评价—有害因素现状评价”依次渐进、定性与定量相结合的综合性评价模式，科学、全面、系统地进行分析评价。

通过定性、定量安全评价，重点对工艺流程、工艺参数、控制方式、操作条件、物料种类与理化特性、工艺布置、总图、公用工程等内容，运用选定的分析方法对存在的危险、有害因素和事故隐患逐一分析，通过危险度与危险指数量化分析与评价计算，确定事故隐患部位、预测发生事故的严重后果。同时，进行风险排序，结合现场调查结果以及同类事故案例分析发生的原因和概率，运用相应的数学模型进行重大事故模拟，模拟发生灾害性事故时的破坏程度和严重后果，为制订相应的事故隐患整改计划、安全管理制度和事故应急救援预案提供数据。

4）安全管理现状评价。安全管理现状评价包括：安全管理制度评价；事故应急救援预案的评价；事故应急救援预案的修改及演练计划。

5）确定安全对策措施及建议。综合评价结果，提出相应的安全对策措施及建议，并按照安全风险程度的高低进行解决方案的排序，列出存在的事故隐患及整改紧迫程度，针对事故隐患提出改进措施及改善安全状态水平的建议。

6）评价结论。根据评价结果明确指出生产经营单位当前的安全状态水平，提出安全可接受程度的意见。

7）编制安全现状综合评价报告。生产经营单位应当依据安全评价报告编制事故隐患整改方案和实施计划，完成安全评价报告。生产经营单位与安全评价机构对安全评价报告的结论存在分歧时，应当将双方的意见连同安全评价报告一并报安全生产监督管理部门。

1.2.4 专项安全评价

（1）定义。专项安全评价是根据政府有关管理部门的要求进行的，是对专项安全问题进行的专题安全分析评价，如危险化学品专项安全评价、非煤矿山专项安全评价等。专项安全评价是针对某一项活动或场所，以及一个特定的行业、产品、生产方式、生产工艺或生产装置等存在的危险、有害因素进行的安全评价，查找其存在的危险、有害因素，确定其程度，并提出合理可行的安全对策措施及建议。专项安全评价所形成的专项安全评价报告则是上级主管部门批准其获得或保持生产经营营业执照所要求的文件之一。

（2）评价报告。一般而言，专项安全评价报告作为安全现状综合评价报告的附件或补充文件，至少包括以下主要内容：

1）前言。包括：项目由来、评价目的、评价实施单位等简单介绍。

2）专题项目概述。包括：项目概况、项目委托约定的评价范围、项目实施准备采用的评价程度。

3）评价依据。包括：评价所依据的法规文件、专项安全评价合同、安全现状综合评价报告、评价所遵循的技术标准以及对技术标准选用的说明。

4）评价方法。包括：实施评价所采用的检测、检验、测试、实验等手段方法和故障分析方法，事故后果模拟方法的简介与方法选用说明。

5）数据处理与分析。根据所评价专题的技术要求，对所获得的数据按照专业要求分类整理，并进行技术分析。

6）事故分析与事故模拟。包括：对专题研究所涉及的重要事件、事故的定性分析；对可能产生重大事故后果，运用数学模型进行定量模拟。

7）对策措施。根据评价所涉及的问题，提出相应的对策措施及建议。

8）评价结论与建议。依据分析、检测、模拟等得出对专题研究的明确结论和建议，并简要说明。

专项安全评价主要有危险化学品包装物、容器定点生产企业生产条件评价；危险化学品生产企业安全评价；危险化学品经营单位安全评价；煤矿安全评价；

非煤矿山安全评价；民用爆破器材评价；烟花爆竹生产企业安全评价等。

1.3　安全评价的程序

安全评价程序主要包括：准备阶段；辨识与分析危险、有害因素；划分评价单元；定性、定量评价；提出安全对策措施建议；作出安全评价结论；编制安全评价报告。安全评价的基本程序如图 1-1 所示。

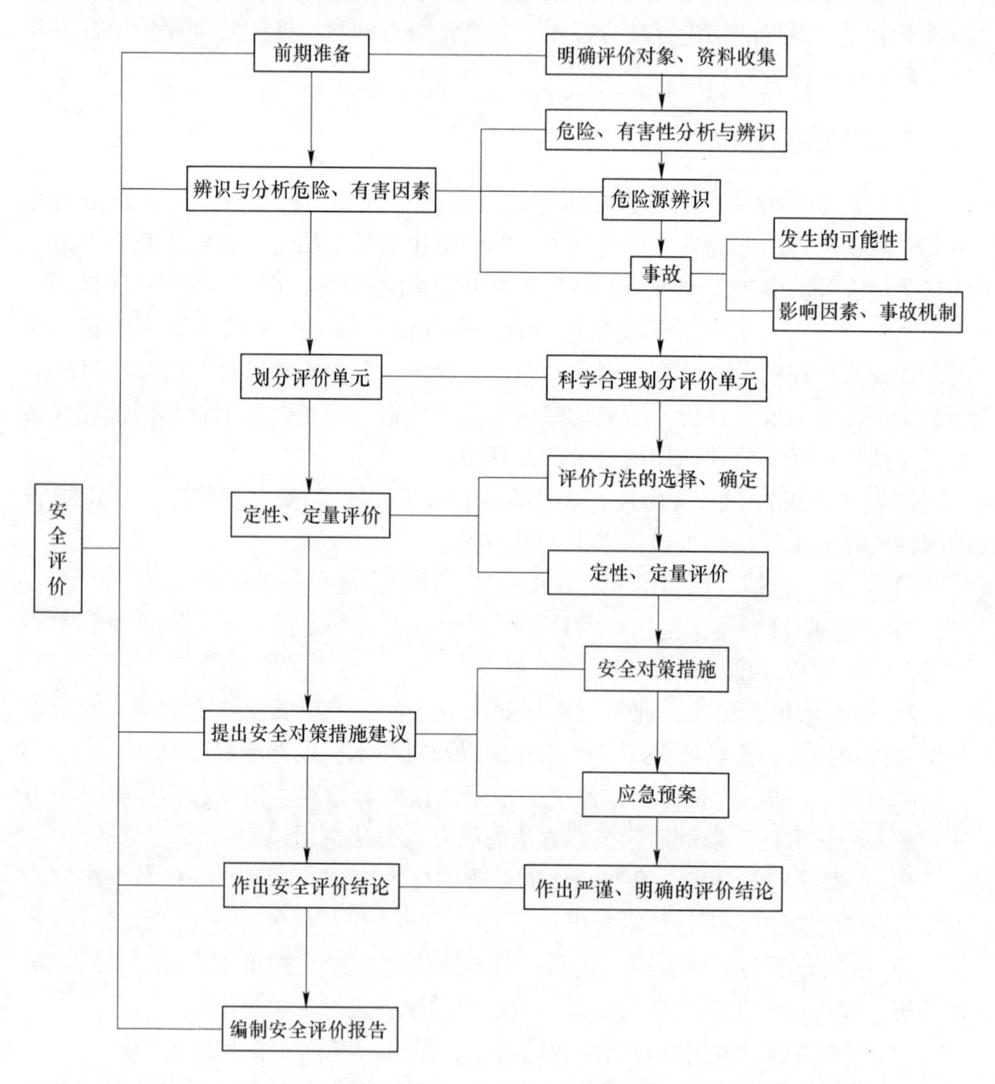

图 1-1　安全评价的基本程序

（1）准备阶段。明确评价的对象和范围，收集国内外相关法规和标准，了解同类设备、设施或工艺的生产和事故情况，评价对象的地理、气象条件及社会环境状况等。

（2）辨识与分析危险、有害因素。根据所评价的设备、设施或场所的地理、气象条件、工程建设方案、工艺流程、装置布置，以及主要设备和仪表、原材料、中间体、产品的理化性质等识别和分析危险、有害因素，确定危险有害因素存在的部位、存在的方式、事故发生的途径及其变化的规律。

（3）划分评价单元。在辨识和分析危险、有害因素的基础上，划分评价单元。评价单元的划分应科学、合理，便于实施评价，相对独立且具有明显的特征界限。

（4）定性、定量评价。在上述划分评价单元的基础上，根据评价目的和评价对象的复杂程度选择具体的一种或多种评价方法。对事故发生的可能性和严重程度进行定性或定量评价，在此基础上按照事故风险的标准值进行风险分级，以确定管理的重点。

（5）提出安全对策措施建议。根据评价和分级结果，高于标准值的风险必须采取工程技术或组织管理措施，降低或控制风险；低于标准值的风险属于可接受或允许的风险，应建立监测措施，防止生产条件变更导致风险值增加；对不可排除的风险要采取防范措施。

（6）作出安全评价结论。简要地列出主要危险、有害因素的评价结果，指出工程、系统应重点防范的重大危险因素，明确生产经营者应重视的重要安全措施。

（7）编制安全评价报告。依据安全评价结果编制相应的安全评价报告。

1.4　煤矿安全评价的对象、目的和范围

1.4.1　煤矿安全评价的对象

在进行煤矿安全评价工作之前，首先要做的工作是确定安全评价的对象，如某矿井的隶属关系。另外，就是要确定项目的类型，以确定本次评价是安全预评价、验收评价还是现状综合评价。

1.4.2　煤矿安全评价的目的

（1）安全预评价的目的。安全预评价以“安全第一，预防为主，综合治理”为方针，以提高被评价建设项目的本质安全程度和安全管理水平，削减与控制建设和生产中的危险、有害因素，降低矿井建设与生产的安全风险，预防事故发生，保障人员的健康和生命安全为目的，使被评价矿井成为安全有保障、高产、高效的现代化矿井。其目的主要表现如下：

1）提高被评价矿井建设项目的本质安全程度。安全预评价作为《安全专篇》编写和安全设施设计的主要依据，它分析出生产中潜在的危险、有害因素存

在的主要条件及其对生产过程的危害手段，并提出防止危险、有害因素可能引发灾害的措施和方案。在以后的设计和建设中实施这些措施和方案，实现被评价建设项目的本质安全化。

2）采用安全系统工程方法，对建设工程潜在的危险、有害因素进行定性定量分析，预测其发生的可能性及危害程度，为矿井的建设和生产管理实现系统化、标准化、科学化提供依据。

3）为安全生产监察部门实施监督、监察、管理提供依据。预评价的结果和对策、措施作为该矿井建设项目《安全专篇》及《矿井初步设计》的编制依据。

（2）安全验收评价的目的。安全验收评价的目的是贯彻“安全第一，预防为主，综合治理”方针，为建设项目、矿区建设、安全验收提供科学依据，对未达到安全目标的系统或单元提出安全补偿及补救措施，以利于提高建设项目、矿区内的安全设施、设备、装置的本质安全程度，整体达到安全标准的要求。即通过查验建设项目、矿区规划在系统上配套安全设施的状况来验证系统安全，为安全验收提供依据。

根据有关法律、法规、规章、标准、规范，分析评价被评价矿井在项目建成后的生产活动中存在的危险、有害因素，提出合理可行的安全对策、措施及建议，为矿井进行安全生产和安全生产监督管理部门的安全管理提供依据。

（3）安全现状综合评价的目的。安全现状综合评价是通过对煤矿设施、设备、装置实际情况和管理状况的调查分析，定性、定量分析其生产过程中存在的危险、有害因素，确定其危险度，对其安全管理状况给予客观的评价，对存在的问题提出合理可行的安全对策、措施及建议。

1.4.3　煤矿安全评价的范围

（1）安全预评价的范围。矿井安全预评价的范围主要包括该矿井建设及煤炭生产过程中瓦斯爆炸、煤尘爆炸、火灾、水灾、顶板事故等主要自然灾害的辨识、分析、评价及矿井采掘、通风、供电、提升、运输等主要生产系统与辅助生产系统的安全评价。

（2）安全验收评价的范围。矿井安全验收评价的范围一般包括：矿井安全管理、开采系统、通风系统、瓦斯防治系统、综合防尘系统、防灭火系统、防治水系统、供电系统、提升运输系统、爆破器材存储使用及运输系统、压风系统、通信系统、矿灯及自救器、降温系统等和矿井安全设施“三同时”以及安全生产合法性。

（3）安全现状综合评价的范围。矿井安全现状综合评价的范围一般包括以下几个方面：

1）评价煤矿安全管理模式对确保安全生产的适应性，明确安全生产责任制、安全管理机构及安全管理人员、安全生产制度等安全管理相关内容是否满足安全生产法律法规和技术标准的要求及其落实执行情况，说明现行企业安全管理模式是否满足安全生产的要求。

2）评价煤矿安全生产保障体系的系统性、充分性和有效性，明确其是否满足煤矿实现安全生产的要求。

3）评价各生产系统和辅助系统及其工艺、场所、设施、设备是否满足安全生产法律法规和技术标准的要求。

4）识别煤矿生产中的危险、有害因素，确定其危险度。

5）评价生产系统和辅助系统，明确是否形成了煤矿安全生产系统，对可能的危险、有害因素，提出合理可行的安全对策、措施及建议。

对于一矿多井的企业，应先分别对各个自然井按上述要求进行安全现状综合评价，然后再根据所属自然井的安全评价结果对全矿井进行安全现状综合评价。

1.4.4 被评价单位的基本情况

明确评价对象和范围后，应进行煤矿建设项目或煤矿现场调查，初步了解煤矿建设项目或煤矿状况。

（1）煤矿建设项目安全预评价需要建设单位提供的资料：

1）建设项目概况：

①建设项目基本情况，包括隶属关系、职工人数、所在地区及其交通情况等。

②建设项目的合法证明材料，包括：建设项目立项申请和审批资料、矿产资源开采许可证等。

2）建设项目设计依据：

①建设项目设计依据的批准文件。

②建设项目设计依据的地质勘探报告书。

③建设项目设计依据的其他有关矿山安全基础资料。

3）建设项目设计文件：

①建设项目可行性研究报告。

②与建设项目相关的其他设计文件。

4）生产系统及辅助系统说明：

①设计生产能力、开拓方式、开采水平等。

②生产系统和辅助系统生产及安全情况的说明。

5）危险有害因素分析所需资料：

①地质构造资料。

②工程地质及对开采不利的岩石力学条件。

③水文地质及水文资料。

④内因火灾倾向性资料。

⑤冲击地压资料。

⑥热害资料。

⑦有毒有害物质组分，放射性物质含量、辐射类型及强度等。

⑧地震资料。

⑨气象条件。

⑩附属生产单位或附属设施危险、有害因素资料。

⑪矿体四邻情况和废弃巷道情况。

⑫矿体开采的特殊危险、有害因素的说明。

6）安全专项投资情况。主要包括：项目改造投资、安全设备投资、人员安全培训与教育投资、安全风险投资等。

7）安全评价所需的其他资料和数据。包括：井田开发状况、矿区总体规划、附属生产厂或公司的配置情况等。

（2）煤矿安全验收评价和安全现状综合评价需要建设单位或煤矿提供的资料：

井工煤矿建设项目安全验收评价和井工煤矿安全现状综合评价需要建设单位（或煤矿）提供资料参考目录如下。

1）煤矿概况：

①企业基本情况，包括隶属关系、职工人数、所在地区及其交通情况等。

②企业生产经营活动合法证明材料，包括企业法人证明、矿山企业生产营业执照、矿产资源开采许可证等。

2）矿井设计依据：

①矿井设计依据的批准文件。

②矿井设计依据的地质勘探报告书。

③矿井设计依据的其他有关矿山安全的基础资料。

3）矿井设计文件：

①矿井详细设计文件。

②开采水平、采区、采掘工作面设计文件。

③生产系统和辅助系统设计文件。

④下列反映矿井实际情况和不同时期开采情况的图纸：矿井地质和水文地质图；井上、井下对照图；巷道布置图；采掘工程平面图；通风系统图；井下运输系统图；安全监测装备布置图；排水、防尘、防火注浆、压风、充填、抽放瓦斯等管路系统图；井下通信系统图；井上、井下配电系统图；井下电气设备布置图；井下避灾路线图。

4）生产系统及辅助系统说明：

①矿井实际生产能力、开拓方式、开采水平等。

②开采水平、采区、采掘工作面生产及安全情况的说明。

③生产系统和辅助系统生产及安全情况的说明。

5）危险、有害因素分析所需资料：

①地质构造资料。

②工程地质及对开采不利的岩石力学条件。

③水文地质及水文资料。

④内因火灾倾向性资料。

⑤冲击地压资料。

⑥矿井热害资料。

⑦有毒有害物质组分、放射性物质含量、辐射类型及强度等。

⑧地震资料。

⑨气象条件。

⑩生产过程有害因素资料（主要生产环节或者生产工艺的危害因素分析）。

⑪附属生产单位或附属设施危险、有害因素资料。

⑫矿体四邻情况和废弃巷道情况。

⑬矿体开采的特殊危险、有害因素的说明。

6）安全技术与安全管理措施资料：

①矿体开采可能冒落区地面范围资料。

②矿井、水平、采区的安全出口布置、开采顺序、采矿方法、采空区处理方法和预防冒顶、片帮的措施。

③保障矿井通风系统安全可靠的措施。

④预防冲击地压（岩爆）的安全措施。

⑤防治瓦斯、煤尘爆炸的安全措施。

⑥防治煤与瓦斯突出的安全措施。

⑦防治自燃发火的安全措施。

⑧防治矿井火灾的安全措施。

⑨防治地面洪水的安全措施。

⑩防治井下突水、涌水的安全措施。

⑪提升、运输机械设备防护装置及安全运行保障措施。

⑫供电系统安全保障措施。

⑬爆破安全措施。

⑭爆破器材加工、储存安全措施。

⑮矿井气候调节措施。

⑯防噪声、振动安全措施。

⑰矿山安全监测设备、仪器仪表资料。

⑱井口保健站、井下急救站资料。

⑲安全标志及其使用情况资料。

⑳安全生产责任制。

㉑安全生产管理规章制度。

㉒安全操作规程。

㉓其他安全管理和安全技术措施。

7）安全机构设置及人员配置：

①安全管理、通风防尘、灾害监测机构及人员配置。

②工业卫生、救护和医疗急救组织及人员配置。

③安全教育、培训情况。

④工种及其设计定员。

8）安全专项投资及其使用情况。主要包括：项目改造投资、安全设备投资、人员安全培训与教育投资、安全风险投资等。

9）安全检验、检测和测定的数据资料：

①特种设备检验合格证。

②特殊工种培训、考核记录及其上岗证。

③主要通风机检验、检测及运行情况的记录和数据。

④矿井通风测定数据。

⑤矿井瓦斯测定数据。

⑥矿井涌水量记录。

⑦矿井自燃发火区记录及其自燃情况的数据。

⑧各类事故情况的记录。

⑨职工健康监护的数据。

⑩其他安全检验、检测和测定的数据资料。

10）安全评价所需的其他资料和数据。包括：井田开发状况、矿区总体规划、附属生产厂或公司的配置情况等。

2 煤矿危害因素识别及评价单元划分

2.1 危险、有害因素识别原则

（1）危险、有害因素识别应遵循的原则：

1）考虑适用的法律、法规和其他相关标准、规定。

2）考虑时效性，危险、有害因素识别与控制策划应具体在特定时间范围内。

3）考虑采用的方法，采用的方法应体现科学性、系统性、综合性和适用性原则。

4）考虑所进行工作的性质，危险、有害因素识别应在不同环境和不同背景下灵活进行，如发生伤害事故后应对风险级别和风险控制进行重新评审等。

（2）危险、有害因素识别方法的选取原则：

1）预防性原则：依据矿井职业活动开展的范围、性质和时间安排，有针对性地选取相应的方法，以确保该方法能预先、充分识别危险和有害因素。

2）分级原则：充分识别评价需通过职业健康安全目标、管理方案加以控制的危险源，并确定其相应的风险级别。

3）一致性原则：应依据矿井各类活动，有针对性地选取相应的方法，以确保方法合理、有效识别危险源及有害因素。

4）输出性原则：该方法的实施应能为人、物两大方面的控制提供输入信息及充分明确设备要求、人员培训需求及运行控制改进的需求。

（3）识别范围。危险、有害因素识别应覆盖矿井活动、产品和服务，包括：

1）新建、扩建、改建生产设施及采用新工艺的预先危险、有害因素识别。

2）在用设备或运行系统的危险、有害因素识别。

3）退役、报废系统或有害废弃物的危险、有害因素识别。

4）化学物质的危险、有害因素识别。

5）工作人员进入作业现场各种活动的危险、有害因素识别。

6）外部提供资源、服务的危险、有害因素识别。

7）外来人员进入作业现场的危险、有害因素识别。

8）外来设备进入作业现场的危险、有害因素识别。

（4）识别应考虑的危害类型：

1）物理性危险、有害因素：设备设施缺陷、防护缺陷、电危害、噪声危害、振动危害、电磁辐射、运动物危害、明火、造成冻伤的低温物质、造成灼伤的高温物质、粉尘、作业环境不良、信号缺陷、标志缺陷等。

2）化学性危险、有害因素：易燃易爆性物质、自燃性物质、有毒物质、腐蚀性物质等。

3）生物性危险、有害因素：致病微生物、传染病媒介物、致病动植物等。

4）心理、生理性危害因素：体力、听力、视力负荷超限，健康状况异常，情绪异常，冒险心理，过度紧张等。

5）行为性危害因素：违章指挥、违章作业、监护失误等。

由于煤矿企业危险、有害因素复杂，在进行危险、有害因素识别时，一般以危险物质为主线，并结合工艺流程及具体的作业条件、作业方式、使用的设备设施及周围环境、水文地质等情况综合考虑。在进行危险、有害因素辨识与分析时，可参考近年来煤矿典型灾害事故类别，并根据项目实际全面分析，突出重点，确定该评价项目存在的主要危险、有害因素。一般来说，煤矿主要危险、有害因素有：顶板事故危害、瓦斯危害、煤尘爆炸危害、火灾危害、水灾危害、电气伤害危害、机械伤害危害、爆破作业危害、运输提升危害、中毒窒息危害、有害因素伤害以及其他伤害。以下列选常见的煤矿危害、有害因素分析以供参考。

2.2 瓦斯危害

瓦斯是煤形成过程中伴生的气体，由于其具有易燃、易爆性，瓦斯灾害是煤矿生产过程中的一大安全隐患，如果预防不当，管理措施不到位，将会造成事故。煤体、采掘工作面、采空区、盲巷和回风巷道等容易形成瓦斯积聚的地方，都可能引发瓦斯灾害。

（1）瓦斯伤害事故的类型及危害：

1）瓦斯爆炸。瓦斯体积分数为5%~16%，氧气体积分数大于12%，当有火源时就可能会发生爆炸。瓦斯爆炸会产生高温火焰（温度可达2000℃）、爆炸冲击波，并造成矿井空气成分改变。高温火焰会造成人员皮肤、呼吸器官和消化器官黏膜烧伤，并造成电气设备毁坏，形成二次火源，引起火灾。爆炸冲击波可造成人员创伤、死亡，造成设备毁坏、支架破坏、顶板冒落、通风系统破坏。瓦斯爆炸使氧气浓度降低，造成人员窒息；产生的有毒有害气体会使人中毒死亡，并会形成新的爆炸性气体，存在二次爆炸的可能。

2）瓦斯燃烧。当瓦斯体积分数大于16%、瓦斯空气混合气体中氧气的体积分数大于12%、火源温度大于650℃，能量大于0.28MJ，就会发生瓦斯燃烧。

瓦斯燃烧可能会烧伤人员，烧坏井下电气设备和电缆，引燃井巷中其他可燃物，产生新的火源；可能引起井下空气成分的变化，生成大量二氧化碳和水蒸气；并可能引起火灾、瓦斯爆炸等连锁反应，形成重大灾难性事故。

3）煤与瓦斯突出。煤与瓦斯突出是指赋存于煤体中的大量瓦斯，由于采动影响，瓦斯与煤体瞬间涌出采掘工作面。它是地应力、瓦斯和煤的物理力学性质三者综合作用的结果。

煤与瓦斯突出会造成大量煤体和瓦斯的涌出，造成巷道堵塞、人员和设备淹埋、通风系统破坏，瓦斯大量涌出还会引起爆炸或造成人员窒息死亡。

4）瓦斯窒息。由于瓦斯的大量存在，使空气中的氧气浓度大大降低，当氧气浓度低于一定浓度时，人就会感觉呼吸困难、窒息，直至死亡。

（2）瓦斯事故的主要原因。导致瓦斯事故的主要原因有：配风不足；工作面超产；局部通风机供风不足；瓦斯异常涌出；上隅角防止瓦斯积聚的措施不当；电气失爆；漏电保护、接地保护、过流保护失效；静电火花，机械摩擦火花，冲击产生火花；放炮未填炮泥或炮泥长度不够；未使用煤矿安全炸药或毫秒雷管；高瓦斯煤层未抽放或抽放效果不好；抽放管路泄漏；突出煤层未采取“四位一体”防突措施或措施不当；对有自燃发火倾向煤层未采取措施或措施不当；采空区漏风严重，引起采空区自燃发火；瓦斯监控系统故障或传感器故障；盲巷未封闭或没有栅栏、禁入标志等。

（3）易发生瓦斯事故的场所。在煤矿生产过程中，可能发生瓦斯事故的场所主要有：采煤工作面、掘进工作面、巷道、采煤工作面上隅角、采空区、盲巷、石门等。

2.3 煤尘爆炸危害

煤尘是煤矿生产过程中，由于机械或爆破作用使煤炭破碎而产生的固体颗粒。挥发分质量分数大于10%的煤尘具有爆炸性。煤尘爆炸是煤矿生产过程中的一大灾害，如果预防不恰当，管理措施不到位，将会造成事故。

（1）煤尘灾害类型及危害。

1）爆炸性煤尘。煤尘爆炸会产生高温火焰、爆炸冲击波（最高达2MPa），并生成大量的一氧化碳和其他有毒有害气体。高温火焰造成人员皮肤、呼吸器官和消化器官黏膜烧伤，并造成电气设备毁坏，形成二次火源，引起火灾。爆炸冲击波可造成人员创伤、设备毁坏、支架破坏、顶板冒落、通风系统破坏。煤尘爆炸使氧气浓度降低，造成人员窒息；分解出的一氧化碳和其他有毒有害气体使人中毒死亡；爆炸可使沉积煤尘扬起参与爆炸，从而引起二次、三次煤尘爆炸，甚至连续爆炸，可能造成全矿井毁坏。

2）呼吸性粉尘（煤尘及岩尘）。煤矿生产过程中（如掘进、采煤、放炮、运输和破碎等）会产生大量的煤尘或岩尘。粉尘危害性大小与粉尘的分散度、游离二氧化硅含量、粉尘物质组成及粉尘浓度有关，一般随着游离二氧化硅和有害物质含量的增加而增大。10μm以下的呼吸性粉尘对人的危害最大。呼吸性粉尘可以进入人的肺泡，使肺组织发生病理学改变，丧失正常通气和换气功能，人长期吸入粉尘后，会严重损害身体健康。由煤尘引起的叫煤肺病，由岩尘引起的叫硅肺病。

（2）导致煤尘危害的主要原因。产生煤尘危害的主要原因有：无降尘措施或措施未发挥作用；风速过大；沉积煤尘清理不及时；采掘机械无喷雾降尘装置；电气失爆；漏电保护、接地保护、过流保护失效；瓦斯爆炸；干式打钻；未使用煤矿安全炸药或毫秒雷管；回风巷无雾化降尘措施；人员未带防尘面罩；转载点无喷雾洒水装置或装置没起作用等。

（3）易发生煤尘灾害的场所。在煤矿生产过程中，可能发生煤尘灾害的场所主要有：采煤工作面、掘进工作面、回风巷道、有沉积煤尘的巷道、石门等。

2.4　顶板事故危害

在井下采煤生产活动中，顶板事故是最常见的煤矿安全事故之一，由其造成的伤亡事故约占煤矿伤亡的40%。井下采掘生产破坏了原岩的初始平衡状态，导致岩体内局部应力集中，当重新分布的应力超过岩体或其构造的强度时，将会导致岩体失稳，采场和围岩巷道会在地应力作用下发生变形或破坏。如果预防不当，管理措施不到位，将会造成事故。采空区、采煤工作面和掘进巷道受岩石压力的影响，都可能引发顶底板灾害。

（1）冒顶片帮。冒顶片帮事故产生的原因包括内外两方面因素。内在因素主要指煤（岩）体本身赋存情况，包括煤（岩）体顶、底板特性及强度，煤壁破碎程度，地质构造影响程度，埋藏深度（矿山压力）以及其他与煤（岩）体性质有关的因素，具体包括：1）如果煤（岩）体强度大，其支撑能力就大，不易发生冒顶；如果煤（岩）体松软，在强大的顶板压力作用下，煤体就易破碎，易发生整体垮落，造成顶板事故；2）煤（岩）体壁破碎程度越大，其内部受力越不均匀，越易造成煤壁片帮，导致冒顶事故；3）构造带及层理对煤（岩）体影响很大，如果构造带及层理发育，煤（岩）体的整体性就会受到破坏，其支撑能力变小，就易发生冒顶事故；4）埋藏越深，其压力越大，重力是产生压力的根源之一，而顶板压力是造成顶板事故的内在动力，其支撑力与开采深度成正比；5）开采煤层厚度较厚时，工作面采高增大，采空区冒顶带增高，煤壁片帮增加，从而容易导致顶板下沉量与支架载荷随之增加。

外在因素主要指人类的采掘活动所采用的开采方法、支护方式、支护方法与支护强度以及空间位置等其他影响煤（岩）体的因素。具体包括：1）开采方法的合理性。采用壁式或柱式开采应考虑对顶底板的适应性，否则对采掘空间的顶板管理带来难度，造成压力集中，发生冒顶片帮事故。2）采掘工作面的支护方法与方式的合理性。如果不合理，矿压参数不准确，支护参数不合理，可能造成采掘工作面围岩严重变形、冒顶而发生事故。3）采掘工作面顶板管理方法的合理性。如果不合理，支护强度低，对顶板性质、地质构造不清楚，这是产生冒顶事故的主要原因。4）采掘工作面支护不及时，安装回撤期间空顶作业以及巷道交叉处，没有采取特殊支护，造成空顶时间长、面积大，或爆破作业诱发而导致事故的发生。5）采掘工作面设计不合理，处在断层构造带、层位选择不当而处于压力集中区；隔离煤柱设计不合理、造成压力大，围岩变形严重，维护困难，诱发冒顶片帮事故的发生。6）两条巷道贯通前不执行停另一掘进工作面的措施，造成空顶，临时支护使用不及时造成顶板事故的发生。7）现场管理与职工安全意识较差，违章指挥、违章操作，支护材料、设备、机具不合格也是产生冒顶、片帮事故的原因。

（2）底鼓。巷道及底板受到动压影响，压力超过围岩及其支护所能承受的范围，遇淋水或地下水容易造成弱面、节理、松软或膨胀，管理不当，使巷道和硐室的支护折损、断面变形，可能造成事故。特别是大多数巷道及硐室底板缺乏支护，成为承受围岩压力或传递压力最薄弱的地方，容易产生底鼓。底鼓后的巷道和硐室会对轨道及运输设备造成影响，破坏机电设备的安装布置，影响设备的正常使用，给安全生产带来不利影响。

（3）冲击地压。冲击地压是矿山压力显现的一种特殊形式，是矿山井巷和采场周围煤（岩）体由于变形能的突然释放而产生的以突然、急剧、猛烈的破坏为特征的动力现象，是煤矿安全生产的重大灾害之一。而矿震是由大面积采动影响、顶板崩塌诱发的地震。

冲击地压会造成井下设施严重破坏，顶板下沉，巷道顶帮收缩使工作空间减小，影响人员工作、阻碍设备通行、降低通风能力、诱发瓦斯积聚与爆炸；易形成冲击波，使井下空气突然受到压缩，给矿井造成巨大破坏；同时造成人员伤亡和设备损坏，造成矿井财产的损失。

引起冲击地压的原因有：采煤方法不合理；巷道布置在应力集中区；顶板岩层破碎，底板岩层遇水膨胀；穿越地质构造区域；煤柱被破坏；采区煤柱设计不合理或未保护完好；井巷没有支护、支护不及时或支护设计不合理；支架强度不够；煤与瓦斯突出煤层未采取措施；采煤工作面或巷道施工工艺不合理；采煤工作面或巷道施工时违章作业；爆破参数设计不合理；爆破工序不合理；爆破施工时违章作业；地下水作用、岩石风化等其他地压活动的影响或破坏。

2.5 火灾危害

矿井火灾按热源不同分为内因火灾和外因火灾。

（1）内因火灾。内因火灾也叫自燃火灾，是指一些易燃物质（主要指煤炭）在一定条件和环境下（破碎堆积并有空气供给）自身发生物理化学变化（指吸氧、氧化、发热）聚集热量而导致着火生成的火灾。

内因火灾的主要特点有：

1）一般都有预兆。

2）由于内因火灾多发生在人员难以进入的采空区或煤柱内，要想真正找到内因火灾的发火点并不容易。

3）持续燃烧的时间较长，有的内因火灾范围较大，难以扑灭，可以持续燃烧数月、数年、数十年甚至上百年。

4）内因火灾频率较高。开采一些容易自燃或自燃煤层时会经常发火，尽管内因火灾不具有突然性、猛烈性，但由于发生次数较多，且较隐蔽，因此，更具有危害性。

内因火灾大多数发生在采空区停采线、遗留的煤柱、破裂的煤壁、煤巷的高冒处、假顶下及巷道中有浮煤堆积的地方。

（2）外因火灾。外因火灾也叫外源火灾，是指由于明火、爆破、电气、摩擦等外来热源造成的火灾。

外因火灾的主要特点有：

1）发生突然、来势凶猛。据统计，国内外有记载的煤矿重大恶性火灾事故（指每次死亡几十人至上百人以上）90%都属于外因火灾。因此外因火灾如发现不及时，处理不当，往往会酿成重大事故。

2）外因火灾往往在燃烧物的表面进行，因此容易发现，早期的外因火灾较易扑灭。要求井下作业人员发现外因火灾时，必须及时采取有效措施进行灭火，不要等到火势较大后，再进行灭火，那样困难就大得多。

外因火灾多数发生在井口房、井筒、机电硐室、爆炸材料库、安装机电设备的巷道或采掘工作面等地点。

2.6 水灾危害

（1）造成水害的原因。在煤矿生产过程中，可能存在地表塌陷或地质构造形成的裂隙、通道进入矿井的地表水危害，采空区和废弃巷道中的积水危害，以及原岩溶洞、裂隙等构造中的原岩水体的危害。

产生水害的主要原因有：采掘过程中没有探水或探水工艺不合理；采掘过程中遇到含水地质构造；爆破、钻孔时揭露水体；地压活动揭露水体；排水设施、设备设计或施工不合理；采掘工程中违章作业；没有及时发现突水征兆；发现突水征兆时没有及时采取有效的探水、防水措施；采掘过程中没有采取合理的疏水、导水措施，采空区、废弃巷道积水未排；巷道、工作面和地面水体内外连通；降雨量突然加大时，造成井下涌水量突然增大。

（2）危害或破坏形式。矿井、地表水或突然降雨都可能造成矿井水灾事故，这些事故包括：

1）采掘工作面突水。

2）采掘工作面或采空区透水。由于地质构造或采掘使采空区与储水体连通，大量的水体直接进入采空区，从而使采空区、巷道甚至矿井被淹没。

3）地表水或突然大量降雨进入井下。通过裂隙、溶洞、废弃巷道、透水层、地表露头与采矿区、巷道、采掘工作面连通，使大量的水体直接或通过采空区进入作业场所。

2.7　煤矿其他危害因素

（1）爆破作业。爆破作业是煤矿生产过程中的重要环节，其作用是利用炸药在爆炸瞬间释放出的能量对周围介质做功，以破碎岩体或煤体，从而达到掘进和采煤的目的。

在煤矿生产过程中使用大量的炸药，炸药从地面炸药库往井下运输的途中，装药和爆破过程中，未爆炸或未爆炸完全的炸药在装卸岩石或煤的过程中，都有发生爆炸的可能。爆炸产生的震动、冲击波和飞石对人员、设备设施、构筑物等有较大的伤害。由于煤矿采煤过程中的瓦斯和煤尘具有爆炸性，爆破时的火焰可能引起瓦斯或煤尘爆炸。煤矿爆破作业在爆破器材和工艺上与非煤矿山有很大不同，发爆器为本安型，引爆雷管为毫秒延迟雷管。装药时用炮泥封堵炮口，并用水炮泥歼灭火焰，降低爆破气体温度，配有瓦斯浓度鉴定器，实行“一炮三检”。常见的爆破危害除有震动、冲击波、飞石、拒爆、早爆、迟爆外，还有爆炸火焰引起的瓦斯、煤尘爆炸等。

1）爆破作业中意外事故有：拒爆、早爆、自爆、迟爆、引起瓦斯或煤尘爆炸事故。

2）爆破产生的有害效应有：地震效应、飞石、冲击波、有毒气体、引起瓦斯或煤尘爆炸事故。

3）爆破事故产生的主要原因。一般情况下，引起爆破事故的发生，主要有以下4个方面原因：①爆破器材自身的原因。炸药、雷管、放炮器、放炮母线存在质量问题。②打眼炮操作的原因。炮眼内的钻屑清理不干净；引药制作不合格；装药不接密或用力过大压实；或封泥长度不合格，不使用水炮泥；放炮连线（脚线、母线）不牢固；放炮前后不检查瓦斯，不洒水降尘，放炮撤人距离不符合规定，警戒不严；放炮后检查不细，遗漏残药、瞎炮等。③爆破材料储存保管的原因。超量超期存放，炸药、雷管受潮变质；雷管不按规定导通检查等；④井上下运输的原因。违反《煤矿安全规程》有关规定，警戒不严、超载超速、丢失被盗等。

4）在煤矿生产过程中，可能发生爆破事故的作业场所主要有：炸药库；运送炸药的巷道；爆破作业的采煤工作面或掘进工作面；爆破后的采煤工作面或掘进工作面；爆破器材加工场所。

（2）采煤作业。采煤作业是煤矿生产的中心环节。发生事故的主要表现有：

1）打钻作业中钻杆伤人、钻机砸伤人及干式打钻产生尘肺病危害。

2）爆破作业中冲击波、飞石、拒爆、早爆、迟爆、爆炸火焰外泄引起的瓦斯、煤尘爆炸等。

3）装载作业中刮板输送机碰伤、挂伤、煤块砸伤等。

4）采煤作业中采煤机牵引链固定不牢或产品未达到规定要求；作业人员违章操作；开关失灵，不能及时切断电源，致使运行失控；操作人员注意力不集中或视觉障碍，不能及时停车造成挤伤、压伤等。

5）支护作业中顶板垮落、片帮、支架垮落或倾倒砸伤等。

（3）掘进作业。掘进作业是煤矿生产的主要环节。发生事故的主要表现有：

1）打钻作业中钻杆伤人、钻机砸伤人及干式打钻产生尘肺病危害。

2）爆破作业中冲击波、飞石、拒爆、早爆、迟爆、爆炸火焰外泄引起的瓦斯、煤尘爆炸等。

3）装载作业中装载伤人，如碰伤、岩石砸伤人等。

4）掘进机作业中飞石伤人、挤伤、压伤等。

5）支护作业中顶板、片帮垮落砸伤，支架垮落、喷浆伤人等。

（4）高处作业。高处作业时，由于防护不当（或没有防护）、操作不当，可能发生人员或物件坠落事故造成人员伤亡或财产损失。可能产生坠落事故的场所主要有：竖井、天井、溜井、采场及其他操作平台。

（5）提升、运输。提升、运输是煤矿生产过程中的一个重要组成部分。煤矿主要有立井提升、斜井提升、水平运输（机车运输、带式输送机运输）。提升、运输发生事故的主要表现有：

1）立井提升。断绳、过卷、蹲罐毁物伤人；突然卡罐或急剧停机，挤罐或信号工、卷扬工操作失误造成人员坠落。

2）斜井提升。跑车、掉道毁物伤人；斜井落石伤人。其中跑车事故是斜井提升运输危害最大的事故，其产生的主要原因是提升、运输运行状态不良。

提升、运输运行状态不良主要包括：

①钢丝绳断裂。钢丝绳承载时强度不够或负荷超限时可能产生钢丝绳断裂。

②摘挂钩失误。未挂钩下放或过早摘钩，造成跑车事故。

③制动装置失灵。制动装置主要是工作闸或制动闸，如果失效就会造成制动装置失灵。

④绞车工操作失误。司机精神不集中，未带电“放飞车”。

⑤挂车违章。超挂车辆、车辆超装或车辆脱离连接。

提升、运输运行状态不良的原因主要包括：

①设计缺陷。指防跑车装置设计不符合实际，起不到作用。

②安装缺陷。指安装不当，起不到应有的作用。

③工作状态不良。指工作状态异常或出现故障，起不到作用。

④“一坡三挡”不健全。

⑤没有严格执行斜井行人不提升、提升不行人的规定。

3）水平运输。主要包括：

①机车运输。常见的事故有机车撞车，机车撞、压行人，机车掉道等。其中机车撞、压行人是危害最大的事故。产生机车撞、压伤人事故的主要原因有：

a. 行人方面。行人行走地点不当，如行人在轨道间、轨道上、巷道窄侧行走，就可能被机车撞伤；行人安全意识差或精神不集中，行人不及时躲避、与机车抢道或扒跳车，都可能造成事故；周围环境的影响，如无人行道、无躲避硐室、设备材料堆积、巷道受压变形、照明度不够、噪声大等。

b. 机车运行方面。操作原因，如超速运行、违章操作、判断失误、操作失控等；制动装置失效等。

c. 其他因素。如无信号或信号不起作用、操作员无证驾驶或精神不集中、行车视线不良等。

②带式运输。主要表现为绞人伤害及胶带火灾。

带式输送机产生伤害的主要原因有：

a. 人的因素。输送机运转过程中清理物料、加油或处理故障，疲劳失误，衣袖未扎，违章跨越、违章乘坐，操作人员精神不集中。

b. 物的因素。防护装置失效，设计不满足要求，信号装置失效或未开启等。

（6）电气设备或设施伤害。《煤矿安全规程》要求电气设备必须为防爆或本安型，电缆具有阻燃抗静电性能。电气设备由于现场使用或维修不当，使防爆性能下降或失爆，会引起火灾或爆炸。另外，配电线、开关、熔断器、照明器具、电动机等均有可能引起电气设备伤害。

1）煤矿电气火灾产生的原因：

①未采用阻燃电缆、未采用防爆或本安型电气设备、电气设备失爆。

②有电火花和电弧产生。包括电气线路故障时产生的事故电火花，雷电放电产生的电弧、静电火花等。

2）电击危害：

①分布。配电室、配电线路以及在生产过程中使用的各种电气拖动设备、移动电气设备、手持电动工具、照明线路及照明器具或与带电体连通的金属导体等，都存在直接电击或间接电击的可能。

②伤害方式和途径。

a. 伤害方式。电击伤害是由电流的能量造成的。当电流流过人体时，人体受到局部电能作用，使人体内细胞的正常工作遭到不同程度的破坏，产生生物学效应、热效应、化学效应和机械效应，会引起压迫感、打击感、痉挛、疼痛、呼吸困难、血压异常、昏迷、心律不齐等，严重时还会引起窒息、心室颤动而导致死亡。

b. 伤害途径。电击常见的伤害途径有：人体触及带电体，人体触及正常状态下不带电而当设备或线路故障（如漏电）时意外带电的金属导体（如设备外壳），人体进入地面带电区域时两脚之间承受的跨步电压。

③产生电击的原因。产生电击的原因有：电气线路或电气设备在设计、安装上存在缺陷，或在运行中缺乏必要的检修维护，使设备或线路存在漏电、过热、短路、接头松脱、断线碰壳、绝缘老化、绝缘击穿、绝缘损坏、接地线断线等隐患；没有采取必要的安全技术措施（如保护接零、漏电保护、安全电压、等电位联结等）或安全措施失效；电气设备运行管理不当，安全管理制度不完善；电工或机电设备操作人员的操作失误或违章作业等。

3）触电伤害：

①分布。触电伤害主要发生在配电室、配电线路等。

②伤害方式。由电流的热效应、化学效应、机械效应对人体造成局部伤害，形成电弧烧伤、电流灼伤、电烙印、电气机械性伤害、电光眼等。

③伤害途径。

a. 直接烧伤。当带电体与人体之间产生电弧时，电流流过人体形成烧伤。直接电弧烧伤是与电击同时发生的。

b. 间接烧伤。当电弧发生在人体附近时，对人体产生烧伤，包括熔化了的炽热金属溅出造成的烫伤。

c. 电流灼伤。人体与带电体接触，电流通过人体由电能转换为热能造成的伤害。

④触电产生的原因。产生触电的原因主要有：带负荷（特别是感应负荷）拉开裸露的刀开关；误操作引起短路；近距离靠近高压带电体作业；线路短路、开启式熔断器熔断时，炽热的金属微粒飞溅；人体过于接近带电体等。

4）静电危害事故。井下能产生静电的设备和场所很多，采煤机、掘进机在切割、破碎煤和岩石的过程中，可能在煤壁、岩壁上产生静电；胶带输送机的胶带与煤、滚筒、托辊（尤其是塑料托辊）快速摩擦产生静电；各类排水、压气管路的端头采用的塑料管路，由于内壁与高速流动的流体相摩擦，使外壁上产生大量的静电电荷，在对地绝缘较好的管壁上产生的静电电压在300V以上，塑料等非导体材料管道，更易产生静电。静电放电火花会成为可燃性物质的点火源，造成爆炸和火灾事故。人体因受到静电电击的刺激，可能引发二次事故，如坠落、跌伤等。

5）地面供电线路和变电所存在的危害因素：

①谐波及其危害。矿井电力系统中主要的谐波源是具有非线性特性的用电设备。谐波的危害主要有：使电网电压和电流波形发生畸变，致使电能品质变坏；使电气设备的耗损增加，造成电气设备过热，降低正常出力；使电介质加速老化，绝缘寿命缩短；影响控制、保护和检测装置的工作精度和可靠性；谐波被放大，使一些具有电容性的电气设备（如电容器）和电气材料（如电缆）发生过热而损坏；对弱电系统造成严重干扰，甚至可能在某一高次谐波的作用下，引起网路谐振，造成设备损坏。

②雷电灾害事故。雷电放电具有电流大、电压高的特点，其能量释放出来可能形成极大的破坏力。其破坏作用主要有以下几个方面：

a. 直击雷放电、二次放电、雷电流的热量会引起火灾和爆炸。

b. 雷电的直接击中、金属导体的二次放电、跨步电压的作用及火灾与爆炸的间接作用，均会造成人员的伤亡。

c. 强大的雷电流、高电压可导致电气设备击穿或烧毁。发电机、变压器、电力线路等遭受雷击，可导致大规模停电事故。雷击可直接毁坏建筑物、构筑物。

③架空线路故障。架空线路敞露在户外，由于受气候和环境条件的影响，如雷击、大雾、大风、雨雪、沙尘暴、高温、洪水、塌陷等都会从不同的方面对架空线路造成威胁，致使架空线路发生线路断线、线路杆塔倒杆、线路共振、线路遭受雷击等事故。

（7）机械伤害。机械伤害主要指机械设备运动（静止）部件、工具、加工件直接与人体接触引起的夹击、碰撞、剪切、卷入、绞、碾、割、刺等形式的伤害。机械伤害是煤矿生产过程中最常见的伤害之一，易造成机械伤害的机械和设备包括运输机械、采掘机械、装载机械、钻探机械；破碎设备、通风设备、排水设备、支护设备及其他转动及传动设备。

（8）中毒、窒息：

1）中毒、窒息原因分析。根据煤矿生产特点，引起中毒、窒息的原因主要为煤体瓦斯、爆破后产生的炮烟和其他有毒气体。如：硫化物、CO_2及有机烃类气体，开采过程中遇到的溶洞、采空区、巷道中存在的有毒气体，爆炸或火灾产生的有毒烟气等。

爆破后形成的炮烟是造成人员中毒的主要原因之一。造成炮烟中毒的主要原因是通风不畅和违章作业。

造成人员中毒、窒息的原因包括：

①违章作业。如爆破后通风时间不足就进入工作面作业，人员没有按要求撤离到不会发生炮烟中毒的巷道等。

②通风设计不合理。风量不足，通风时间过短，风流短路，独头巷道掘进时没有局部通风等。

③警戒标志不合理或没有标志。人员意外进入通风不畅、长期不通风的盲巷、采空区、硐室等。

④瓦斯异常涌出。突然遇到大量瓦斯或含有大量窒息性气体、有毒气体的地质构造，大量窒息性气体、有毒气体涌到采掘工作面或其他作业场所，人员没有防护措施。

⑤意外情况。人员意外进入炮烟污染区并长时间停留，意外停风等。

2）中毒、窒息场所。可能发生中毒、窒息的场所主要包括：爆破作业面，炮烟流经的巷道，炮烟积聚的采空区，炮烟进入的硐室、盲巷、盲井，通风不良的巷道、采空区等。

（9）噪声与振动危害。在煤矿生产过程中，噪声与振动主要来源于气动凿岩工具的空气动力噪声，设备在运转中的振动、摩擦、碰撞产生的机械噪声和电动机等电气设备所产生的电磁辐射噪声。

产生噪声和振动的设备和场所主要有：空压机和空压机泵房；通风机和通风机房；水泵和水泵房；绞车和绞车房；爆破作业场所；破碎设备和破碎作业场所；凿岩设备和凿岩工作面；运输设备和设备通过的巷道；装岩机和装岩作业场所；机修车间等。

（10）放射性危害。一般煤矿开采，顶底板岩石中都含有微量的放射性物质，如氡，通过呼吸损害人的肺部和上呼吸道，会加速某些慢性疾病的发展，严重危害职工身体健康。因此，在大面积开采过程中，应注意巷道有无放射性异常的问题。

（11）起重伤害。在煤矿地面机修车间存在大量的起重设备，发生起重伤害的概率比较大。其危害因素主要表现为牵引链断裂或滑动件滑脱、碰撞、突然停车等。由此引发的事故有毁坏设备、人员伤亡等。

起重伤害的一般原因有以下几个方面：超载；牵引链或产品未达到规定要求；无证操作起重设备或作业人员违章操作；开关失灵，不能及时切断电源，致使运行失控；操作人员注意力不集中或视觉障碍，不能及时停车；被吊物件体积过大；突然停电；起重设备故障。

（12）其他伤害。在生产过程中，有可能还存在高温、腐蚀、雷击、地震、滑坡、采光照明不良等危险、有害因素。

2.8　评价单元的划分

2.8.1　评价单元的概念

在危险、有害因素识别与分析的基础上，根据评价目标和评价方法的需要，将系统分成有限的、范围确定的单元，这些单元就称为评价单元。

一个作为评价对象的建设项目、装置（系统），一般是由相对独立而又相互联系的若干部分（子系统、单元）组成的，各部分的功能、含有的物质、存在的危险因素和有害因素、危险性和危害性以及安全指标不尽相同。以整个系统作为评价对象实施评价时，一般按一定原则将评价对象分成若干有限的、范围确定的单元，然后分别进行评价，最后综合为对整个系统的评价。划分评价单元的目的，是方便评价工作的进行，提高评价工作的准确性和全面性。将系统划分为不同类型的评价单元进行评价，不仅可以简化评价工作、减少评价工作量、避免遗漏，而且由于能够得出各评价单元危险性（危害性）的比较概念，避免了以最危险单元的危险性（危害性）来表征整个系统的危险性（危害性），夸大整个系统的危险性（危害性）的可能，从而提高了评价的准确性，降低了采取对策措施所需的安全投入。

2.8.2 基本原则和注意问题

评价单元的划分是为评价目标和评价方法服务的，要便于评价工作的进行，有利于评价工作的准确性。划分评价单元时，一般将生产工艺、生产装置、物料的特点、危险和有害因素的类别及分布等有机结合进行划分，还可以按评价的需要将一个评价单元再划分为若干个子评价单元或更细的单元。

由于无明确通用的规则来规范评价单元的划分，因此会出现不同的评价人员对同一个评价对象划分出不同的评价单元的现象。由于评价目标不同，而且各种评价方法有自身的特点，所以只要能达到评价的目的，评价单元的划分并不要求绝对一致。

（1）划分评价单元的基本原则：

1）各评价单元的生产过程相对独立。

2）各评价单元在空间上相对独立。

3）各评价单元的范围相对固定。

4）各评价单元之间具有明显的界限。

这几项评价单元划分原则并不是孤立的，而是有内在联系的，考虑各方面的因素进行划分。

（2）划分评价单元应注意的问题：

1）在进行危险、有害因素识别、安全评价工作之前，应设计一套合适的工作表格，按照一定的方法来划分企业的作业活动，保证危险、有害因素识别工作的全面性。

2）在划分作业活动单元时，一般不会单一采用某一种方法，往往是多种方法同时采用。但应注意，在同一划分层次上，一般不使用第二种划分方法。因为如果这样做，很难保证危险、有害因素识别的全面性。

2.8.3　煤矿安全评价单元划分

煤矿安全评价单元是在煤矿危险、有害因素辨识分析的基础上，根据评价目的，将评价对象划分为若干有限、相对独立的评价单元进行分别评价，采用定性和定量的评价方法，结合现场获取的信息，有针对性地进行分项评价。在此基础上，对整个系统做出综合评价，从而达到煤矿安全评价的目的。

煤矿安全评价单元一般综合考虑生产系统、开采水平、工艺功能、生产场所及危险、有害因素的类型与分布特点等因素进行划分。在评价单元划分后也可以根据具体情况，再将单元分解为若干子评价单元或更小的单元。一般有两种划分方法：选择可能造成重大事故的危险、有害因素作为独立的评价单元，进行定性或定量安全评价，提出针对性措施和建议；按照矿井生产系统、工艺功能及危险、有害因素的类别与分布特点等因素划分评价单元，进行分析并提出对策和建议。

2.8.3.1　按灾害类型划分评价单元

由于煤矿企业危险、有害因素复杂，在进行危险、有害因素识别时，一般以危险物质为主线，并结合工艺流程及具体的作业条件、作业方式、使用的设备设施及周围环境、水文地质等情况综合考虑。煤矿主要危险、有害因素有：瓦斯危害、煤尘爆炸危害、顶板事故危害、水灾危害、火灾危害和其他危害。

2.8.3.2　按生产系统划分评价单元

煤矿主要生产系统有开拓开采系统、通风系统、提升运输系统、供电系统等，因此，按照生产系统可划分以下评价单元：开拓开采系统、通风系统、运输提升系统、供电系统、供水系统。

（1）开拓开采系统。开拓开采系统可能发生的事故有涌水涌沙事故、冒顶片帮、突水事故、矿压显现剧烈等。可能发生事故的地点有采掘工作面、巷道等。一旦发生事故，会导致重大人员伤亡、财产损失及安全生产系统严重破坏，是煤矿生产过程中的主要安全隐患之一。

（2）通风系统。通风系统故障会引起矿井瓦斯事故、煤尘爆炸事故、中毒窒息事故、粉尘危害及火灾等。一旦发生事故，会造成重大人员伤亡、财产损失及安全生产系统严重破坏，是煤矿生产过程中的主要安全隐患之一。

（3）提升运输系统。提升运输系统可能发生的事故有钢丝绳断裂、摘挂钩失误、制动装置失灵、机车撞车、挤压行人等。可能发生事故的地点有井筒、运输大巷、回风大巷、工作面顺槽等。一旦发生事故，会造成重大人员伤亡、财产损失及安全生产系统严重破坏，是煤矿生产过程中的一大安全隐患。

（4）供电系统。煤矿供电事故主要表现为井下大面积停电事故、井下电气火花事故、漏电事故、静电危害事故及雷电灾害事故等。井下大面积停电事故会造成提升设备停止工作、容器坠毁、井筒设施遭到破坏；通风机停风，井下缺少新鲜空气；水泵造成水锤，破坏排水设施；其他事故会引起火灾、瓦斯爆炸、人身触电及人员伤亡等。一旦发生供电系统故障，会造成重大人员伤亡、财产损失及安全生产系统严重破坏，是煤矿生产过程中的主要安全隐患之一。

（5）排水系统。矿井排水系统是矿井必不可少的主要生产系统之一，其作用是将矿山井下涌出的矿井水及时、安全可靠、经济合理地排至地面，确保矿山井下作业人员的生命安全和矿井正常的安全生产。如果矿井排水系统不能正常发挥作用或者不安全可靠，轻则会影响矿井正常生产，给矿山带来一定的经济损失，重则会发生淹井（或者淹水平）事故，造成矿山财产的巨大损失，甚至造成重大、特大人员伤亡。

2.8.4 煤矿安全评价单元划分实例

某煤矿在进行安全评价时，根据安全评价单元划分的原则，共划分了11个评价单元，如下：

（1）矿井开拓开采系统评价单元。

（2）矿井通风系统评价单元。

（3）矿井火灾防治系统评价单元。

（4）矿井煤尘防治系统评价单元。

（5）矿井瓦斯防治系统评价单元。

（6）矿井防治水系统评价单元。

（7）矿井提升运输系统评价单元。

（8）矿井电气系统评价单元。

（9）爆炸材料、器材储存与运输评价单元。

（10）安全监控系统评价单元。

（11）压风、通信及矿山救护评价单元。

根据不同单元各自的危险、有害因素类型和特征，选用适当的评价方法进行评价。

3 煤矿安全评价方法

3.1 安全检查表法

将被检查对象事先加以分析，把大系统分成若干个子系统，然后确定检查项目，以打分的方式，将检查项目按系统顺序编制成表，以便有针对性地进行检查和评审，这种方法的实质就是根据评价者的经验和判断能力对系统及周围环境的现行状态进行评价。安全检查表出现于20世纪20年代，是一种最基础、应用最广泛的风险评价方法。安全检查表分析法的核心是安全检查表的编制和实施。安全检查表必须包括系统或子系统的全部主要检查点，不能忽略那些主要的、潜在的危险因素，而且还应从检查点中发现与之有关的其他因素。总之，安全检查表应列明所有可能导致事故发生的不安全因素和岗位的全部职责，其内容主要包括分类、序号、检查内容、回答、处理意见、检查人、检查时间、检查地点、备注等。

通常检查结果用“是（√）”（表示符合要求）或“否（×）”（表示还存在问题，有待进一步改进）来回答检查要点的提问。另外，也可用其他简单的参数进行回答。有改进措施栏的应填上整改措施意见。

3.1.1 格式及分类

3.1.1.1 安全检查表格式

（1）序号（统一编号）。
（2）项目名称，如子系统、车间、工段、设备等。
（3）检查内容，在修辞上可用直接陈述句，也可用疑问句。
（4）检查标准，如标准要求、指标参数的允许范围。
（5）检查方法，如查记录、现场检查（包括使用必要的检测技术与手段）。
（6）应得分或列出项目的相对重要程度，或注明必要项目。
（7）检查结果，实得分或“是/否”的回答。
（8）备注，可注明建议改进措施或情况反馈等事项。
（9）检查人与检查时间。

3.1.1.2 安全检查表分类

安全检查表是为检查某一系统的安全状况而事先制定的问题清单。安全检查表的分类方法可以有许多种，可根据安全检查的需要、目的、被检查的对象分类，如可按基本类型分类，可按检查内容分类，也可按使用场合分类。如项目工程设计审查用的安全检查表，项目工程竣工验收用的安全检查表，企业综合安全管理状况检查表，企业主要危险设备、设施的安全检查表，不同专业类型的检查表等，面向车间、工段、岗位不同层次的安全检查表。

安全检查表按基本类型分为 3 种：

（1）定性检查表。定性安全检查表是列出检查要点逐项检查，检查结果以“对”“否”表示，检查结果不能量化。

（2）半定量检查表。半定量检查表是给每个检查要点赋以分值，检查结果以总分表示。这样，有了量的概念，不同的检查对象也可以相互比较，但缺点是检查要点的准确赋值比较困难，而且个别十分突出的危险不能充分地表现出来。

（3）否决型检查表。否决型检查表给一些特别重要的检查要点做出标记，这些检查要点满足，检查结果视为不合格，即具有一票否决的作用，这样可以做到重点突出。

由于安全检查的目的、对象不同，检查的内容也有所区别，因而应根据需要制定不同的检查表。

安全检查表按其使用场合大致可分为以下几种：

（1）审查设计用安全检查表。新建、改建和扩建的厂矿企业和工程项目，都必须与相应安全卫生设施同时设计、同时施工和同时投产，即利用“三同时”原则全面、系统地审查设计、施工和投产等各项的安全状况。检查表中除了已列入的检查项目外，还要列入应遵循的原则、标准和必要数据。用于设计的安全检查表应包括厂址选择、平面布置工艺过程、装置的布置、建筑物与构筑物、安全装置与设备、操作的安全性、危险物品存放以及消防设施等方面。

（2）厂级安全检查表。供全厂安全检查时使用，也可供安技部门、防火部门进行日常巡回检查使用。突出重点部位的危险因素源点及影响大的不安全状态和不安全行为等，其内容主要包括厂区内各种产品的工艺和装置的危险部位，主要安全装置与设施，危险物品的储存与管理，消防通道与设施，操作管理以及遵章守纪情况等。

（3）车间的安全检查表。是用于车间进行定期检查和预防性检查的检查表，重点放在人、设备、运输、加工等不安全行为和不安全状态方面。其内容包括工艺安全、设备布置、通道、通风照明、安全标志、尘毒和有害气体的浓度、消防措施及操作管理等。

（4）工段及岗位的安全检查表。是用于工段和岗位进行自检、互检和安全教育的检查表，重点放在因违规操作而引起的多发性事故上。其内容应根据岗位的操作工艺和设备的防灾控制要点确定，要求检查内容具体、易行。

（5）专业性安全检查表。主要用于专业性的安全检查或特种设备的安全检验，由专业机构或职能部门编制和使用。主要用于定期的专业检查或季节性检查，如对电气、压力容器、特殊装置与设备等的专业检查表。各专业性安全检查表，如防火防爆、防尘防毒、防冻防凝、防暑降温、压力容器、锅炉、工业气瓶、配电装置、起重设备、机动车辆、电气焊等。

3.1.2　编制依据及方法

3.1.2.1　编制依据

编制安全检查表的依据主要有以下几个方面：

（1）有关规程、规定和标准。如编制采煤工艺过程和割煤机的安全检查表，应以《煤矿安全规程》、本单位的操作规程和作业规程中的相关规定作为依据，对检查涉及的工艺指标应规定出安全的临界值，超过该指标的规定值应报告上级主管部门并进行处理，以使检查表的内容符合法规的要求。

（2）本单位的经验。由本单位工程技术人员、生产管理人员、操作人员和安全技术人员共同总结生产操作的经验，分析导致事故的各种潜在的危险因素和外界环境条件。

（3）国内外事故案例。认真收集以往发生的事故教训以及在生产、研制和使用中出现的问题，包括国内外同行业、同类事故的案例和资料。

（4）系统安全分析的结果。根据其他系统安全分析方法（如事故树分析、事件树分析、故障类型及影响分析和预先危险性分析等）对系统进行分析的结果，将导致事故的各个基本事件作为防止灾害的控制点列入检查表。

3.1.2.2　编制方法

根据检查对象，安全检查表编制人员可由熟悉系统安全分析的本行业专家（包括生产技术人员）、管理人员以及生产第一线有经验的工人组成。主要编制步骤如下：

（1）确定检查对象与目的。

（2）剖切系统。根据检查对象与目的，把系统剖切分成子系统、部件或元件。

（3）分析可能的危险性。对各“剖切块”进行分析，找出被分析系统（部件或元件）存在的危险因素，评定其危险程度和可能造成的后果。

（4）确定检查要点。根据危险性大小及重要度顺序，对应所定出的检查项目，以提问的形式列出要点并形成表格。

3.1.2.3 编制安全检查表的注意事项

安全检查表应用后，要通过实践检验不断修改，使之逐步完善。检查表要力求系统完整、不漏掉任何能引发事故的危险关键因素，因此编制安全检查表应注意如下问题：

（1）安全检查表的编制是一个复杂、严谨的过程，应针对不同的检查对象和目的，组织技术人员、管理人员、操作人员等，在结合理论知识和实践经验的基础上，共同完成工作。

（2）安全检查表的编制要依据适当的安全技术标准和国务院及有关省、市颁布的法律规定，在充分了解系统的基础上进行。

（3）检查项目要全面、具体、明确，检查表要条理清晰、重点突出、避免重复、简明扼要，尽可能地将隐患在发生之前就被发现、排除。

（4）检查表的编制要有针对性，不同类别的检查表的适用范围和侧重点都不同，不宜通用，专业与日常、重点与次要、管理者和操作者等检查内容要有区分，做到各负其责。

（5）检查表中的检查项目要随着工艺和设备的改进而不断更新。

3.1.3 优缺点及适用范围

3.1.3.1 安全检查表法的优点

（1）能够事先编制表格，因此有充分的时间组织有经验的人员列举系统及其周围环境的评价指标，做到相对系统化、完整化和准确化，而不至于遗漏可能导致危险的关键因素。

（2）可根据规定的标准、规范和法规，检查执行的情况，做出相应的评价。

（3）表的形式逐项列出，逐项检查，逐项赋值，表内还可注明需要改进的措施及要求，定期检查改进情况。

（4）容易掌握，易于实现“群众管理”。可以随着科学技术的发展和标准、规范的变化而不断修改完善。

3.1.3.2 安全检查表法存在的缺点

（1）只能进行定性分析，不能进行定量评价。

（2）针对不同的需求，需要事先编制大量的检查表，工作量大，且安全检查表的质量受编制人员的知识水平和经验影响较大。

（3）识别的危害完全依赖于检查表的设计。

3.1.3.3　适用范围

安全检查表可用于项目建设、运行过程的各个阶段。主要用于安全生产管理，对熟知的工艺设计，物料、设备、操作规程的分析；也用于某些新工艺的早期开发阶段，来识别和消除在类似系统中多年来易发生的危险；还可以对运行多年的现役装置的危险进行检查。

为了取得预期目的，应用安全检查表时，应注意的几个问题如下：

（1）各类安全检查表都有适用对象、不宜通用。如专业检查表与日常定期检查表要有区别。专业检查表应详细、突出专业设备安全参数的定量界限，而日常检查尤其是岗位检查应简明扼要，突出关键和重点部位。

（2）应用安全检查表实施检查时，应落实安全检查人员。企业厂级日常安全检查可由安技部门现场人员和安全监督巡检人员会同有关部门联合进行，车间的安全检查可由车间主任或指定车间安全员检查，岗位安全一般指定专人进行。检查后应签字并提出处理意见备查。

（3）为保证检查的有效定期实施，应将检查表列入相关安全检查管理制度，或制定安全检查表的实施办法。如把安全检查表同巡回检查制度结合起来，列入安全例会制度、定期检查工作制度或班组交接班制度中。

（4）应用安全检查表检查，必须注意信息的反馈及整改。对查出的问题，凡是检查者当时能督促整改和解决的应立即解决；当时不能整改和解决的应进行反馈登记、汇总分析，由有关部门列入计划安排解决。

（5）应用安全检查表检查，必须按编制的内容，逐项、逐点检查。有问必答、有点必检，按规定的符号填写清楚，为系统分析及安全评价提供可靠准确的依据。

对于煤炭行业，由于系统复杂，其中的不确定因素多，且各种因素状态不明确，对系统完整的分解比较困难，使用这种方法时受到相当程度的限制。为了克服这一缺陷，可以用模糊概率来取代上述准确概率。但对于煤矿安全管理，要得到某一事故的模糊概率也实属不易，必须投入大量的人力、物力和财力进行系统的研究和分析，在现实条件下，煤炭生产系统不可能完成类似的研究。

这种评价方法存在的问题是表的编制及评价结果含有相当高的经验成分，专家凭主观意识来确定权重及其指标值，因此，评价结果带有很大的主观性。

3.1.4　定性检查表

依据国家法律法规、标准和部门规章制度，制定煤矿各个生产系统的安全检查表。实施过程中对照检查矿井的实际情况，给出是否符合规定、有无等定性类评语的检查结果。

采煤系统安全检查表如表3-1所示。采煤系统安全检查表由安全出口、工作面回采巷道、工作面支护、顶板管理、煤壁及机巷、工作面设备、工作面爆破、回柱放顶、工作面管理等组成。

表3-1 采煤系统安全检查表

序号	检 查 内 容	检查结果
一	安全出口	
1	是否至少有2个畅通的安全出口	
2	工作面运输、回风巷到煤壁线20m内支护是否完整	
3	是否有超前支护	
4	端头支架是否符合规程	
5	人行通道宽度是否大于0.6m，高度是否低于采高的90%	
6	超前工作面煤层开采的距离是否符合规程	
二	工作面回采巷道	
1	净高是否低于1.8m，宽度是否符合作业规程	
2	巷道支护是否完整牢靠，无断梁折柱、空帮空顶	
3	机电设备是否进壁龛，电缆是否吊挂整齐	
4	巷道有无积水、浮渣、杂物，材料设备码放是否整齐，有无标志牌	
三	工作面支护	
1	支架布置是否符合作业规程，成一直线，柱距、排距偏差不超过100mm	
2	顶梁铰接率是否大于90%、是否有顶梁连续不铰接	
3	机道与放顶线是否配足水平楔	
4	支柱初撑力、迎山，棚梁、背板，柱鞋、柱窝等施工是否符合作业规程	
5	是否按作业规程及时架设密集支柱或木棚、木垛	
6	是否存在不同型号支柱混用	
7	支柱是否编号管理，牌号清晰	
四	顶板管理	
1	每米采高顶底板移近量是否小于100mm	
2	是否出现台阶下沉	
3	机道梁端至煤壁顶板是否出现高度大于200mm的冒落、出现时是否采取接实顶板的措施	
4	是否执行“敲帮问顶”制度	

续表 3-1

序号	检 查 内 容	检查结果
五	煤壁及机巷	
1	煤壁是否平直并与顶底板垂直，有无超过规定的伞檐	
2	悬臂梁是否到位，端面距是否小于 300mm，梁端接顶、挂梁是否及时	
3	贴帮柱、点柱是否按作业规程且及时架设齐全	
4	悬臂梁支柱架设是否及时	
5	改临时柱时是否先支后回	
六	工作面设备	
1	煤电钻有无综合保护	
2	刮板输送机铺设是否平稳，接头严密	
3	工作面小绞车是否有“四压两戗”和地锚、钢丝绳磨损是否超限	
4	电缆架设是否牢靠、安全	
七	工作面爆破	
1	是否按作业规程布孔、钻孔	
2	是否按规定装药量和装药方法装药，装药前清除炮眼内煤粉	
3	是否使用规定炮泥封孔并使用水炮泥	
4	是否坚持：一组装药一次起爆、“三保险”、“一炮三检”、“三人连锁放炮制度”	
5	雷管、炸药是否分开存放并上锁，账物是否相符，领退是否有记录和签字	
6	是否按规定操作处理哑炮	
八	回柱放顶	
1	是否按作业规程规定及时放顶，控顶距符合要求	
2	是否实行先支后回、由下而上、由里往外的三角回柱法	
3	回柱与支柱是否不小于 15m、分段回柱时距离是否大于 15m、掐头处是否布置隔离点柱	
4	回柱工作区是否有无关人员停留	
九	工作面管理	
1	有无作业规程	
2	有无施工图板	
3	有无区队干部和质量验收人员跟班	
4	是否坚持支护质量和顶板动态监测	

3.1.5 定量检查表

依据国家法律法规、标准和部门规章制度，制定煤矿各个生产系统的安全检查表，并确定每一部分标准分。实施过程中对照检查矿井的实际情况，给出相应的定量分值，最后依据得分情况判定矿井的安全等级。

安全监控、人员定位和紧急避险系统的安全检查表如表 3-2 所示。此部分检查表由安全监控系统、人员定位系统和紧急避险系统组成。

表 3-2 煤矿安全检查表（安全监控、人员定位和紧急避险系统）

序号	检查项目及内容	标准分	评估结果	得分
1	安全监控、人员定位和紧急避险系统	100		
1.1	安全监控系统	40		
1.1.1	矿井必须装备矿井安全监控系统	10		
1.1.2	安全监控系统的安装使用必须符合相关规定要求	5		
1.1.3	煤矿应建立安全监控设备检修室，负责本矿安全监控设备的安装、调校、维护和简单维修工作。安全监控设备必须定期进行调试、校正，每月至少 1 次。未建立检修室的小型煤矿应将安全监控仪器送到检修中心进行调校和维修	5		
1.1.4	安全监控系统的监测日报表必须报矿长和技术负责人审阅	5		
1.1.5	采用催化燃烧原理的甲烷传感器、便携式甲烷检测报警仪等，每隔 10d 必须使用校准气体和空气样，按产品使用说明书的要求调校一次	5		
1.1.6	煤矿安全监控系统的分站、传感器等装置在井下连续运行 6～12 个月，必须升井检修，并强制计量检定	5		
1.1.7	煤矿应建立安全监控管理机构。安全监控管理机构由煤矿主要技术负责人领导，并应配备足够的人员	5		
1.2	人员定位系统	30		
1.2.1	矿井必须装备矿井人员定位系统	10		
1.2.2	定位系统安装使用必须符合相关规定要求	5		
1.2.3	煤矿应建立人员定位系统设备检修室，负责本矿人员定位系统设备的安装、调校、维护和简单维修工作	3		
1.2.4	下井人员信息佩戴识别卡情况达 100%	3		
1.2.5	人员信息录入完善，及时更新	3		
1.2.6	下井人数与考勤、矿灯房人员相符	3		
1.2.7	人员定位系统的分站、读卡器等装置在井下连续运行 6～12 个月，必须升井检修	3		
1.3	紧急避险系统	30		

续表 3-2

序号	检查项目及内容	标准分	评估结果	得分
1.3.1	是否按照规定和标准建设紧急避险系统并有效运行和管理	10		
1.3.2	避灾路线是否合理，避灾标志是否清晰	5		
1.3.3	自救器是否按规定和数量配备，状态良好	5		
1.3.4	避难硐室内装备设施是否配备齐全，食品、饮用水是否保持干净并确保在有效期内	5		
1.3.5	与其他五个系统连接是否顺畅	5		

3.2 事故树分析法

3.2.1 概述

事故树又称故障树，是一种描述事故因果关系的有方向的“树”，事故树分析（fault tree analysis，FTA）是系统安全工程中重要的分析方法之一。它能对各种系统的危险性进行识别评价，既适用于定性分析，又能进行定量评价。它具有简明、形象化的特点，体现了以系统工程方法研究安全问题的系统性、准确性和预测性。FTA 法作为安全分析评价和事故预测的一种先进的科学方法，已得到国内外的公认，并被广泛采用。

FTA 法不仅能分析出事故的直接原因，而且能深入分析事故的潜在原因，因此在工程或设备的设计阶段、在事故查询或编制新的操作方法时，都可以使用 FTA 法对它们的安全性作出评价。随着矿山安全评价工作的开展，事故树分析法在矿山生产系统中也得到了较好的应用。

3.2.2 事故树分析步骤

事故树分析是对既定的生产系统或作业中可能出现的事故条件及可能导致的灾害后果，按工艺流程、先后次序和因果关系绘成的程序方框图，表示导致灾害、伤害事故（不希望事件）的各种因素之间的逻辑关系。它由输入符号或关系符号组成，用以分析系统的安全问题或系统的运行功能问题，并为判明事故的发生途径及导致事故各因素间的逻辑关系提供一种最形象、最简洁的表达形式。

事故树分析根据对象系统的性质、分析目的的不同，分析的程序也不同。但是，一般都有如下几个步骤，详见表 3-3。有时，使用者还可根据实际需要和要求来确定分析程序。

表 3-3 事故树分析步骤

序号	步骤	说　明
1	熟悉环境	要确实了解系统情况，包括工作程序、各种重要参数、作业情况，必要时画出工艺流程图和布置图
2	调查事故	在过去事故实例、有关事故统计的基础上，尽量广泛地调查所能预想到的事故，即包括已发生的事故和可能发生的事故
3	确定顶上事件	所谓顶上事件，就是所要分析的对象事件。分析系统发生事故的损失和频率大小，从中找出后果严重且较容易发生的事故作为分析的顶上事件
4	确定目标值	根据以往的事故记录和同类系统的事故资料，进行统计分析，求出事故发生的概率（或频率），然后根据这一事故的严重程度，确定要控制的事故发生概率的目标值
5	调查原因事件	调查与事故有关的所有原因事件和各种因素，包括设备故障、机械故障、操作者的失误、管理和指挥错误、环境因素等，尽量详细查清原因和影响
6	画出事故树	根据上述资料，从顶上事件起进行演绎分析，一级一级地找出所有直接原因事件，直到所要分析的深度，按照其逻辑关系画出事故树
7	定性分析	根据事故树结构进行化简，求出最小割集和最小径集，确定各基本事件的结构重要度排序
8	计算顶上事件发生概率	首先根据所调查的情况和资料，确定所有原因事件的发生概率，并标在事故树上。根据这些基本数据，求出顶上事件（事故）发生概率
9	进行比较	要根据可维修系统和不可维修系统分别考虑。对可维修系统，将求出的概率与通过统计分析得出的概率进行比较，如果两者不符，则必须重新研究，看原因事件是否齐全，事故树逻辑关系是否清楚，基本原因事件的数值是否设定得过高或过低等。对不可维修系统，求出顶上事件发生概率即可
10	定量分析	通过结构重要度进行分析，利用最小径集，找出根除事故的可能性，从中选出最佳方案；通过概率重要度分析，研究降低事故发生概率的所有可能途径；通过临界重要度分析，对需要治理的原因事件按临界重要度系数大小进行排队，或编出安全检查表，以求加强人为控制

3.2.3 事故树符号及其运算

3.2.3.1 事故树符号

事故树是由各种符号和其连接的逻辑门组成的。事故树基本符号及其解释说明见表 3-4，逻辑门符号及其解释说明见表 3-5。

表 3-4　事故树基本符号及其解释说明

符号类型	具体说明	附　图
矩形符号	表示顶上事件或中间事件。将时间扼要记入矩形框内。必须注意，顶上事件一定要清楚明了，不要太笼统	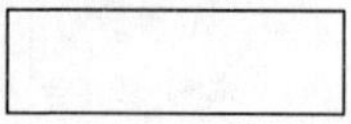
圆形符号	表示基本（原因）事件。可以是人的差错，也可以是设备、机械故障、环境因素等。它表示最基本的事件，不能再继续往下分析	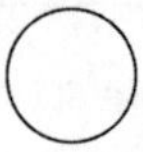
屋形符号	表示正常事件。是系统在正常状态下发生的正常事件	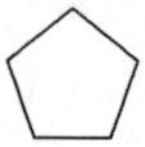
菱形符号	表示省略事件。即表示事前不能分析、或者没有再分析下去的必要的事件	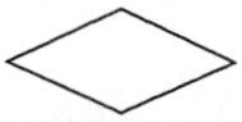

表 3-5　事故树逻辑门符号及其解释说明

逻辑门符号	具体说明	附　图
与门	与门连接表示输入事件 B_1、B_2 同时发生的情况下，输出事件 A 才会发生的逻辑关系。两者缺一不可，即 $A=B_1\cap B_2$。再有若干个输入事件时，也是如此	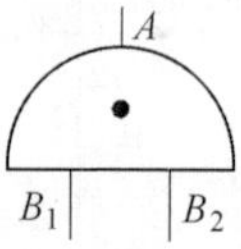
或门	表示输入事件 B_1 或 B_2 中，任何一个事件发生都可以使事件 A 发生，表现为逻辑和的关系，即 $A=B_1\cup B_2$。再有若干输入事件时，情况也是如此	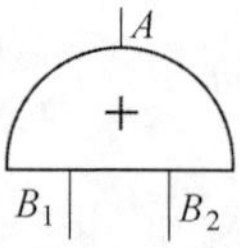
条件与门	表示只有当 B_1、B_2 同时发生，且满足条件 α 的情况下，A 才会发生，相当于三个输入事件的与门，即 $A=B_1\cap B_2\cap\alpha$，将条件 α 记入六边形内	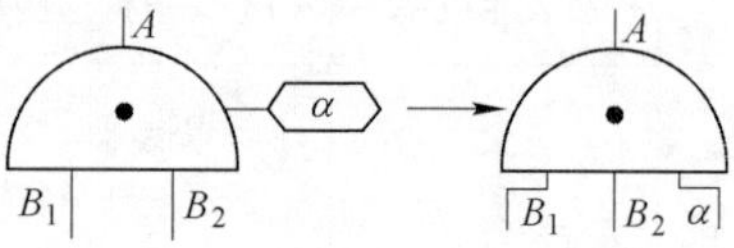
条件或门	表示 B_1 或 B_2 任何一个发生，且满足条件 β 的情况下，A 才会发生，将条件 β 记入六边形内	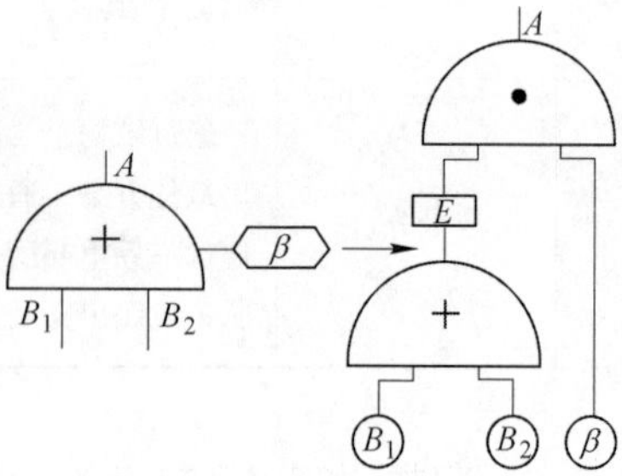
限制门符号	它是逻辑上的一种修正符号，即输入事件发生且满足条件 γ 时，才产生输出事件。相反，如果不满足，则不发生输出事件，条件 γ 写在椭圆形符号内	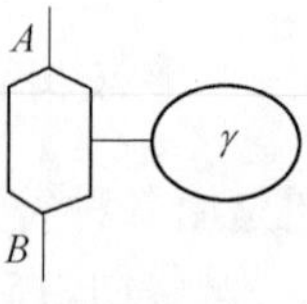

续表 3-5

逻辑门符号	具体说明	附　图
转移符号	当事故树规模很大时，需要将某些部分画在别的纸上，这就要用转出和转入符号，在三角内标出向何处转出和从何处转入	

3.2.3.2 布尔代数及主要运算法则

在事故树分析中常用逻辑运算符号（·，+）将各个事件连接起来，这种连接式称为布尔代数表达式。在求最小割集时，要用布尔代数运算法则（表 3-6）化简代数式。

表 3-6 布尔代数运算法则

法　则	数学表达式
结合律	$A + (B + C) = (A + B) + C$ $A \cdot (B \cdot C) = (A \cdot B) \cdot C$
分配律	$A \cdot (B + C) = A \cdot B + A \cdot C$ $A + (B \cdot C) = (A + B) \cdot (A + C)$
交换律	$A \cdot B = B \cdot A$ $A + B = B + A$
等幂法则	$A \cdot A = A$ $A + A = A$
吸收律	$A \cdot (A + B) = A$ $A + A \cdot B = A$
对偶法则	$A \cdot B = A + B$ $A + B = A \cdot B$

3.2.3.3 布尔代数化简事故树

在事故树编制完成之后，可以应用上述布尔代数运算法则进行整理化简事故树，这有利于最小割集和最小径集的分析，从而可以方便地找出原因事件与顶上事件的逻辑关系。以图 3-1 所示事故树为例，介绍布尔代数化简事故树方法。

事故树的结构函数为

$$
\begin{aligned}
T &= A_1 + A_2 \\
&= X_1X_2 + (X_3 + B) \\
&= X_1X_2 + [X_3 + (X_1X_3)] \\
&= X_1X_2 + X_3
\end{aligned}
$$

所以，该事故树的等效图可以简化为图 3-2。

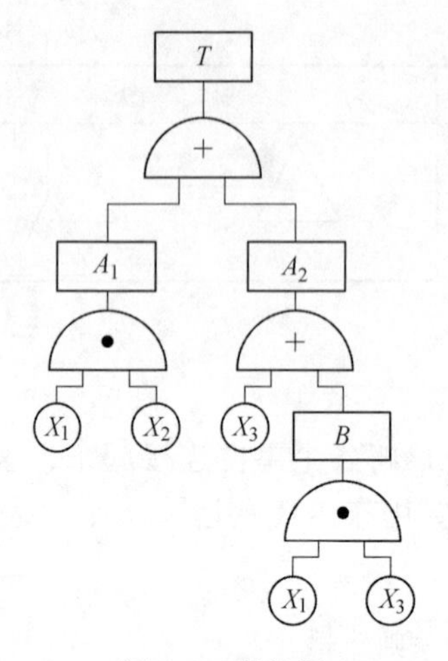

图 3-1　事故树

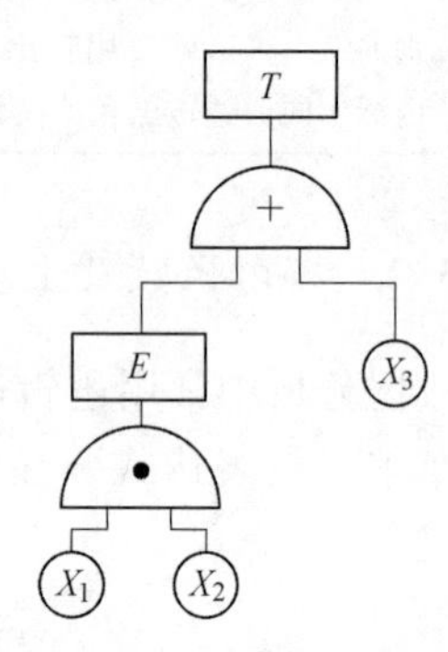

图 3-2　事故树等效图

3.2.4　最小割集与最小径集

3.2.4.1　割集与径集基本概念

割集是指导致顶上事件发生的基本事件的集合。也就是说，事故树中一组基本事件的发生，能够造成顶上事件发生，这组基本事件就叫割集。引起顶上事件发生的基本事件的最低限度的集合叫最小割集。换句话说，如果割集中任一基本事件不发生，顶上事件就绝不发生。一般割集不具备这个性质。

相反的，在事故树中，有一组基本事件不发生，顶上事件就不会发生，这一组基本事件的集合叫径集。同样在径集中也存在相互包含和重复事件的情况，凡是不能导致顶上事件发生的最低限度的基本事件的集合叫最小径集。

3.2.4.2　最小割集求解方法

以图 3-3 所示事故树为例，介绍事故树最小割集求解方法。

图 3-3 所示事故树用布尔代数法进行化简，过程如下：

$$
\begin{aligned}
T &= A_1 + A_2 \\
&= X_1 B_1 X_2 + X_4 B_2 \\
&= X_1 (X_1 + X_3) X_2 + X_4 (C + X_6) \\
&= X_1 X_1 X_2 + X_1 X_3 X_2 + X_4 (X_4 X_5 + X_6) \\
&= X_1 X_2 + X_1 X_2 X_3 + X_4 X_4 X_5 + X_4 X_6 \\
&= X_1 X_2 + X_1 X_2 X_3 + X_4 X_5 + X_4 X_6 \\
&= X_1 X_2 + X_4 X_5 + X_4 X_6
\end{aligned}
$$

通过化简结果可以看出，该事故树的最小割集为 $\{X_1, X_2\}$、$\{X_4, X_5\}$、

{X_4，X_6}。其等效图可以简化为图 3-4。

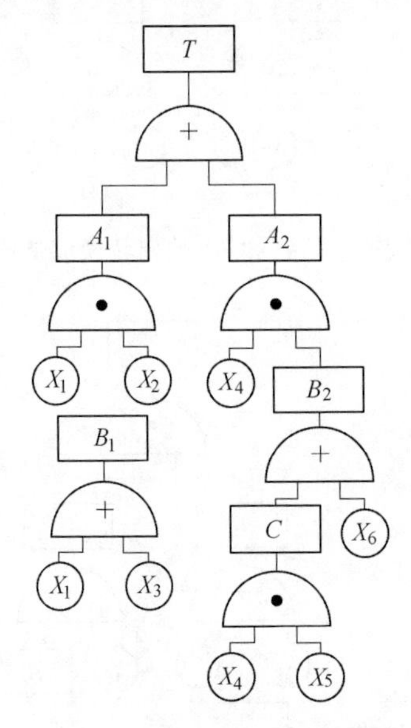

图 3-3 事故树最小割集求解

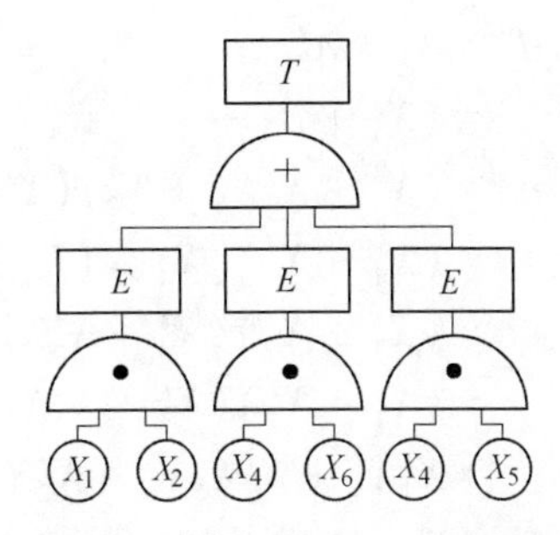

图 3-4 最小割集事故树等效图

3.2.4.3 最小径集求解方法

求最小径集是利用它与最小割集的对偶性，首先作出与事故树对偶的成功树，就是将原来事故树的“与门”换成“或门”，“或门”换成“与门”，各类事件发生换成不发生。然后求出成功树的最小割集，经对偶变换后就是事故树的最小径集。

这种做法的原理是布尔代数的德·莫根定律。例如，图 3-5（a）所示事故树，其布尔代数表达式为 $T=X_1+X_2$，此式表示事件 X_1、X_2 任一个发生，顶上事件就会发生。要使顶上事件不发生，X_1、X_2 两个事件必须都不发生。那么，在上式两端取补，得到 $T'=(X_1+X_2)'=X_1'+X_2'$。此式用图形表示就是图 3-5（b），图 3-5（b）是图 3-5（a）的成功树。由图 3-5 可见，图中所有事件都发生变化，逻辑门也由“或门”转换成“与门”。

同理可知，画成功树时事故树的“与门”都要变为原事件补的形式，如图 3-6 所示。“条件与门”“条件或门”“限制门”的变换方式同上，变换时，将条件作为基本事件处理即可。

下面仍以图 3-3 所示事故树为例求最小径集，首先画出事故树的对偶树—成功树，如图 3-7 所示。

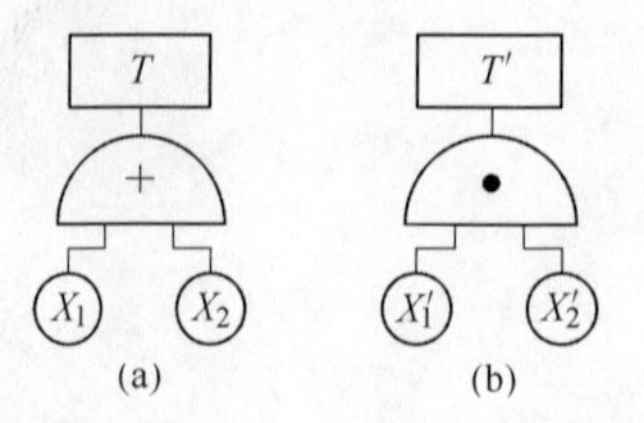

图 3-5 “或门”事故树转换成功树

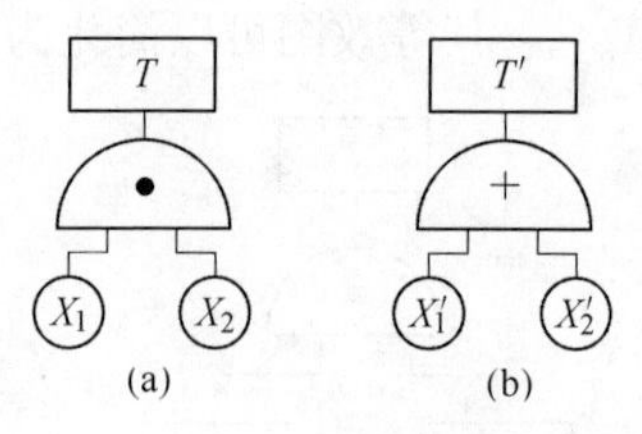

图 3-6 “与门”事故树转换成功树

用布尔代数化简，求最小径集，过程如下：

$$
\begin{aligned}
T' &= A_1' + A_2' \\
&= (X_1' + B_1' + X_2')(X_4' + B_2') \\
&= (X_1' + X_1'X_3' + X_2')(X_4' + C'X_6') \\
&= (X_1' + X_2')[X_4' + (X_4' + X_5')X_6'] \\
&= (X_1' + X_2')(X_4' + X_4'X_6' + X_5'X_6') \\
&= (X_1' + X_2')(X_4' + X_5'X_6') \\
&= X_1'X_4' + X_1'X_5'X_6' + X_2'X_4' + X_2'X_5'X_6'
\end{aligned}
$$

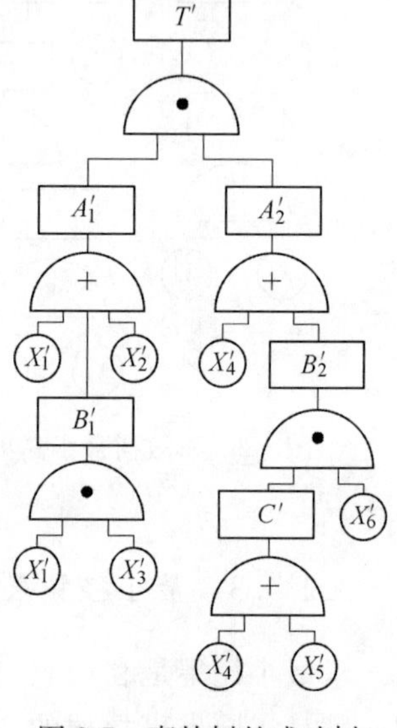

图 3-7 事故树的成功树

这样，就得到成功树的 4 个最小割集，经对偶变换就是事故树的 4 个最小径集，即

$$
\begin{aligned}
T = &(X_1 + X_4)(X_1 + X_5 + X_6)(X_2 + X_4) \\
&(X_2 + X_5 + X_6)
\end{aligned}
$$

每一个逻辑和就是一个最小径集，则事故树的 4 个最小径集为

$$P_1 = \{X_1, X_4\}$$
$$P_2 = \{X_2, X_4\}$$
$$P_3 = \{X_1, X_5, X_6\}$$
$$P_4 = \{X_2, X_5, X_6\}$$

同样，也可以用最小径集表示事故树，用最小径集表示图 3-3 的等效结构图，如图 3-8 所示。

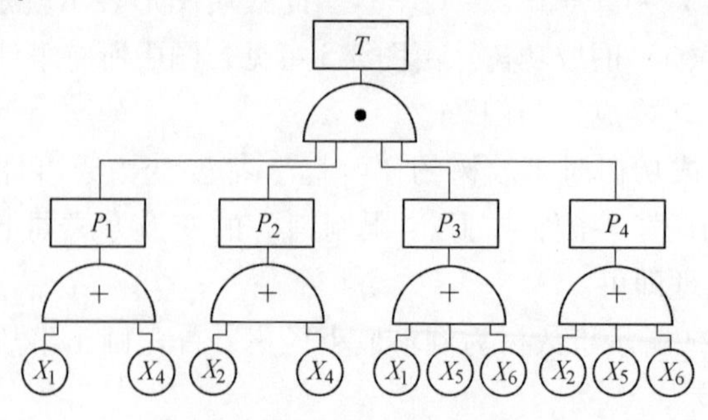

图 3-8 用最小径集表示事故树

3.2.4.4 最小割集和最小径集在事故树分析中的作用

最小割集和最小径集在事故树分析中起着极其重要的作用。透彻掌握和灵活运用最小割集和最小径集能使事故树分析达到事半功倍的效果，并为有效地控制事故的发生提供重要依据。

最小割集表示系统的危险性。求出最小割集可以掌握事故发生的各种可能，为事故调查和事故预防提供方便。一起事故的发生，并不都遵循一种固定的模式，如果求出了最小割集，就可以知道发生事故的所有可能途径。例如，求得图3-3所示事故树的最小割集$\{X_1, X_2\}$、$\{X_4, X_5\}$、$\{X_4, X_6\}$后，绘出其等效图。由该等效图可知，造成顶上事件（事故）发生的途径共有三种：或者X_1、X_2同时发生，或者X_4、X_5同时发生，或者X_4、X_6同时发生。这对全面掌握事故发生规律，找出隐藏的事故模式是非常有效的，而且对事故的预防工作提供了非常全面的信息。

对于最小割集来说，它与顶上事件用“或门”相连，显然最小割集的个数越少越安全，越多越危险。

最小割集能直观地、概略地告诉人们，哪种事故模式最危险，哪种事故模式稍次，哪种事故模式可以忽略。例如，某事故树有三个最小割集：$\{X_1\}$、$\{X_1, X_3\}$、$\{X_4, X_5, X_6\}$（如果各基本事件的发生概率都相等）。一般来说，一个事件的割集比两个事件的割集容易发生，两个事件的割集比三个事件的割集容易发生。因为一个事件的割集只要一个事件发生，如X_1发生，顶上事件就会发生；而两个事件的割集则必须满足两个条件（即X_1和X_3同时发生）才能引起顶上事件发生，这是显而易见的。因此，割集中的基本事件越多越有利，基本事件少的割集就是系统的薄弱环节。

最小径集表示系统的安全性。求出最小径集可以知道，要使事故不发生，有几种可能方案。例如，从图3-3的等效图（图3-8）中知道，该事故树共有4个最小径集：$\{X_1, X_4\}$、$\{X_2, X_4\}$、$\{X_1, X_5, X_6\}$、$\{X_2, X_5, X_6\}$。从这个等效图的结构看出，只要控制“与门”下的任何一个最小径集，就可以使顶上事件不发生，也就是说，上述4组事件中，任何一组不发生，顶上事件就可以不发生。

对于最小径集来说，恰好与最小割集相反，径集数越多越安全，而基本事件多的径集是系统的薄弱环节。

利用最小径集可以经济地、有效地选择采用预防事故的方案。从图3-8可以看出，要消除顶上事件T发生的可能性，可以有4条途径。究竟选择哪条途径最省事、最经济，从直观角度来看，一般以消除含基本事件少的最小径集的方案最省事、最经济，因为消除一个基本事件要比消除两个或多个基本事件省力。

3.2.5 事故树定性定量分析

3.2.5.1 结构重要度分析

结构重要度分析，就是不考虑基本事件发生的概率是多少，仅从事故结构上分析各基本事件的发生对顶上事件发生的影响程度。

事故树是由众多基本事件构成的，这些基本事件对顶上事件均产生影响，但影响程度是不同的，在制定安全防范措施时必须有先后次序、轻重缓急，以便使系统达到经济、有效、安全的目的。结构重要度分析虽然是一种定性分析方法，但在缺乏定量分析数据的情况下，这种分析显得非常重要。

结构重要度分析一般可以采用两种方法：一种是计算出各基本事件的结构重要度系数，将系数由大到小排列各基本事件的重要顺序；另一种是用最小割集或最小径集近似判断各基本事件结构重要度系数的大小，并排列次序。

（1）计算基本事件结构重要度系数。在事故树分析中，各个事件均有两种状态：一种状态是发生，即 $X_i=1$；另一种状态是不发生，即 $X_i=0$，i 表示第 i 个基本事件。各个基本事件状态的不同组合，又构成顶上事件的不同状态，即 $\phi(X)=1$ 或 $\phi(X)=0$。

在某个基本事件 X_i 的状态由 0 变成 1（即 $0_i \rightarrow 1_i$），其他基本事件的状态保持不变，顶上事件的状态变化有三种情况，见表 3-7。

表 3-7 顶上事件状态变化情况表

序号	顶上事件变化状态
1	$\phi(0_i, X)=0 \rightarrow \phi(1_i, X)=0$，则 $\phi(1_i, X)-\phi(0_i, X)=0$
2	$\phi(0_i, X)=0 \rightarrow \phi(1_i, X)=1$，则 $\phi(1_i, X)-\phi(0_i, X)=1$
3	$\phi(0_i, X)=1 \rightarrow \phi(1_i, X)=1$，则 $\phi(1_i, X)-\phi(0_i, X)=0$

第一种情况和第三种情况均不能说明 X_i 的状态变化对顶上事件的发生起什么作用，唯有第二种情况可说明 X_i 状态的变化对事故的发生产生显著作用，即当基本事件 X_i 的状态由 0 变成 1，其他基本事件的状态保持不变，顶上事件的状态 $\phi(0_i, X)=0$ 变成 $\phi(1_i, X)=1$。

对有 n 个基本事件构成的事故树，n 个基本事件两种状态的组合数为 2^n 个。为了考察某个基本事件的结构重要度系数，把其中一个事件 X_i 作为变化对象，其他基本事件状态保持不变，这样（n-1）个事件的状态组合数为 2^{n-1}。在这 2^{n-1} 个状态中，属于第二种情况 $\phi(1_i, X)-\phi(0_i, X)=1$ 所占的比例即为 X_i 基本事件的结构重要度系数，用 $I_\phi(i)$ 表示。其计算式为

$$I_\phi(i)=\frac{1}{2^{n-1}}\sum\left[\phi(1_i, X)-\phi(0_i, X)\right] \tag{3-1}$$

下面以图 3-9 所示事故树为例，求各基本事件的结构重要度系数。

图 3-9 所示事故树一共有 5 个基本事件，所有基本事件状态组合数为 $2^5=32$ 个，这些组合列于表 3-8。为了便于对照分析，将 32 组分成左右两部分各占 16 组，然后根据最小割集确定 $\phi(1_i, X)$ 和 $\phi(0_i, X)$ 的值，以 0 和 1 两种状态表示。

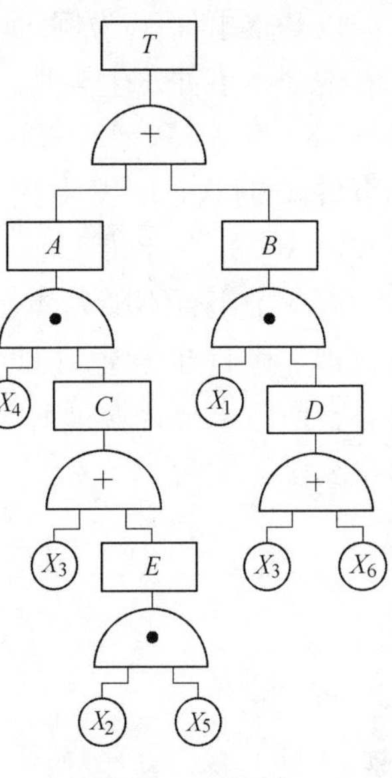

图 3-9 事故树

表 3-8 基本事件的状态值与顶上事件的状态值表

编号	X_1 X_2 X_3 X_4 X_5	$\phi(X)$	编号	X_1 X_2 X_3 X_4 X_5	$\phi(X)$
1	0 0 0 0 0	0	17	1 0 0 0 0	0
2	0 0 0 0 1	0	18	1 0 0 0 1	1
3	0 0 0 1 0	0	19	1 0 0 1 0	0
4	0 0 0 1 1	0	20	1 0 0 1 1	1
5	0 0 1 0 0	0	21	1 0 1 0 0	1
6	0 0 1 0 1	0	22	1 0 1 0 1	1
7	0 0 1 1 0	1	23	1 0 1 1 0	1
8	0 0 1 1 1	1	24	1 0 1 1 1	1
9	0 1 0 0 0	0	25	1 1 0 0 0	0
10	0 1 0 0 1	0	26	1 1 0 0 1	1
11	0 1 0 1 0	0	27	1 1 0 1 0	0
12	0 1 0 1 1	1	28	1 1 0 1 1	1
13	0 1 1 0 0	0	29	1 1 1 0 0	1
14	0 1 1 0 1	0	30	1 1 1 0 1	1
15	0 1 1 1 0	1	31	1 1 1 1 0	1
16	0 1 1 1 1	1	32	1 1 1 1 1	1

以基本事件 X_1 为例，可以从表 3-8 查出，基本事件 X_1 发生（即 $X_1=1$），不管其他基本事件发生与否，顶上事件也发生［即 $\phi(X)=1$］的组合共 12 个，即编号 18、20、21、22、23、24、26、28、29、30、31、32。这 12 个组合中的基本事件 X_1 的状态由发生变为不发生（即 $X_1=0$）时，其顶上事件也不发生［即 $\phi(X)=0$］的组合共 7 个，即编号 18、20、21、22、26、29、30。在 12 个组合中，有 5 个组合不随基本事件 X_i 状态的变化而改变顶上事件的状态，即 $X_i=0$ 时，顶上事件也发生［即 $\phi(X)=1$］，这 5 个组合的编号为 23、24、28、31、32。上面 7 个组合就是前面讲的第二种情况的个数。由式（3-1）可知，X_i 的结构重要度系数为

$$I_\phi(i)=\frac{1}{2^{n-1}}\sum[\phi(1_i,X)-\phi(0_i,X)]$$

$$=\frac{1}{16}\times 7$$

$$=\frac{7}{16}$$

同理，可以求出事件 X_2，X_3，X_4，X_5 的结构重要度系数，其值为

$$I_\phi(2)=\frac{1}{16}$$

$$I_\phi(3)=\frac{7}{16}$$

$$I_\phi(4)=\frac{5}{16}$$

$$I_\phi(5)=\frac{5}{16}$$

因而，基本事件结构重要度排序如下：

$$I_\phi(1)=I_\phi(3)>I_\phi(4)=I_\phi(5)>I_\phi(2)$$

如果不考虑基本事件的发生概率，仅从基本事件在事故树结构中所在位置来看，事件 X_1、X_3 最重要，其次是事件 X_4、X_5，最不重要的是基本事件 X_2。

用计算基本事件结构重要度系数的方法进行结构重要度分析，其结果较为精确，但很烦琐，特别当事故树比较庞大，基本事件个数比较多时，要排列 2^n 个组合是很困难的。

（2）用最小割集或最小径集近似判断各基本事件结构重要度系数。结构重要度分析的另一种方法是用最小割集或最小径集近似判断各基本事件的结构重要度系数。这种方法与上一种方法相比精确度差，但操作简便，因此目前应用较多。用最小割集和最小径集近似判断结构重要度系数的方法也有多种，这里只介绍其中一种，就是用 4 条原则来判断。

1）单事件最小割（径）集中基本事件结构重要系数最大。例如，某事故树有三个最小径集：

$$P_1 = \{X_1\}$$

$$P_2 = \{X_2, X_3\}$$

$$P_3 = \{X_4, X_5, X_6\}$$

第一个最小径集只含一个基本事件 X_1，按此原则 X_1的结构重要系数最大。

$$I_\phi(1) > I_\phi(i) \quad (i=2, 3, 4, 5, 6)$$

2）仅出现在同一个最小割（径）集中的所有基本事件结构重要系数相等。例如，上述事故树 X_2、X_3只出现在第二个最小径集，在其他最小径集中均未出现，所以 $I_\phi(2) = I_\phi(3)$；同理，$I_\phi(4) = I_\phi(5) = I_\phi(6)$。

3）仅出现在基本事件个数相等的若干个最小割（径）集中的各基本事件结构重要系数依出现次数而定，即出现次数少，其结构重要系数小；出现次数多，其结构重要系数大；出现次数相等，其结构重要系数相等。例如，某事故树有三个最小割集：

$$P_1 = \{X_1, X_3\}$$

$$P_2 = \{X_1, X_4\}$$

$$P_3 = \{X_2, X_4, X_5\}$$

此事故树有 5 个基本事件，均出现在含有 3 个基本事件的最小割集中。X_1出现 3 次，X_3、X_4出现 2 次，X_2、X_5只出现 1 次，则 $I_\phi(1) > I_\phi(3) = I_\phi(4) > I_\phi(5) = I_\phi(2)$。

4）两个基本事件出现在基本事件个数不等的若干个最小割（径）集中，其结构重要度系数依下列情况而定。

①若它们在最小割（径）集中重复出现的次数相等，则在少事件最小割（径）集中出现的基本事件结构重要系数大。例如，某事故树有 4 个最小割集：

$$P_1 = \{X_1, X_3\}$$

$$P_2 = \{X_1, X_4\}$$

$$P_3 = \{X_2, X_4, X_5\}$$

$$P_4 = \{X_2, X_5, X_6\}$$

X_1、X_2两个基本事件都出现两次，但 X_1所在的两个最小割集都含有两个基本事件，而 X_2所在的两个最小割集，都含有 3 个基本事件，所以 $I_\phi(1) > I_\phi(2)$。

②若它们在少事件最小割（径）集中出现次数少，在多事件最小割（径）集中出现次数多，以及其他更为复杂的情况，可用近似判别式进行计算：

$$I_\phi(i) = \sum_{X_i \in P_i} \frac{1}{2^{n_i - 1}} \tag{3-2}$$

式中　$I_\phi(i)$ ——基本事件 X_i结构重要系数的近似判别值，$I_\phi(i)$ 大，则 $I(i)$

也大；

$X_i \in P_i$——基本事件 X_i 属于 P_i 最小割（径）集；

n_i——基本事件 X_i 所在最小割（径）集中包含基本事件的个数。

假设某事件树共有 5 个最小径集：

$$P_1 = \{X_1,\ X_3\}$$
$$P_2 = \{X_1,\ X_4\}$$
$$P_3 = \{X_2,\ X_4,\ X_5\}$$
$$P_4 = \{X_2,\ X_5,\ X_6\}$$
$$P_5 = \{X_2,\ X_6,\ X_7\}$$

基本事件 X_1 与 X_2 比较，X_1 出现两次，但所在的两个最小径集都含有两个基本事件；X_2 出现三次，所在的三个最小径集都含有三个基本事件，根据这个原则，按照式（3-2）计算得

$$I_\phi(1) = \frac{1}{2^{2-1}} + \frac{1}{2^{2-1}} = 1$$

$$I_\phi(2) = \frac{1}{2^{3-1}} + \frac{1}{2^{3-1}} + \frac{1}{2^{3-1}} = \frac{3}{4}$$

由此可知，$I_\phi(1) > I_\phi(2)$。

利用上述 4 条原则判断基本事件结构重要度系数大小时，必须从第一条原则至第四条原则按顺序进行，不能单纯使用近似判别式，否则会得到错误的结果。

用最小割集或最小径集判断基本事件结构重要度顺序其结果应该是一样的，选用哪一种要视具体情况而定。一般来说，最小割集和最小径集哪一种数量少就选哪一种，这样对包含的基本事件容易比较。例如，图 3-9 所示事故树含 4 个最小割集：

$$P_1 = \{X_1,\ X_3\}$$
$$P_2 = \{X_1,\ X_5\}$$
$$P_3 = \{X_3,\ X_4\}$$
$$P_4 = \{X_2,\ X_4,\ X_5\}$$

3 个最小径集：

$$K_1 = \{X_1,\ X_4\}$$
$$K_2 = \{X_3,\ X_5\}$$
$$K_3 = \{X_1,\ X_2,\ X_3\}$$

显然用最小径集比较各基本事件的结构重要度顺序比用最小割集方便。根据以上 4 条原则判断：X_1、X_3 均各出现两次，且两次所在的最小径集中基本事件个数相等，所以 $I_\phi(1) = I_\phi(3)$，X_2、X_4、X_5 均各出现一次，但 X_2 所在的最小径集中基本事件个数比 X_4、X_5 所在最小径集的基本事件个数多，故 $I_\phi(4) = I_\phi(5) >$

$I_\phi(2)$，由此得各基本事件的结构重要顺序为

$$I_\phi(1) = I_\phi(3) > I_\phi(4) = I_\phi(5) > I_\phi(2)$$

在这个例子中，近似判断法与精确计算各基本事件结构重要度系数方法的结果是相同的。分析结果说明：仅从事故树结构来看，基本事件 X_1 和 X_3 对顶上事件发生影响最大，其次是 X_4 和 X_5；X_2 对顶上事件影响最小。据此，在制定系统防灾对策时，首先要控制住 X_1 和 X_3 两个危险因素，其次是 X_4 和 X_5，X_2 要根据情况而定。

基本事件的结构重要顺序排出后，也可以作为制定安全检查表、找出日常管理和控制要点的依据。

3.2.5.2　概率重要度分析

结构重要度分析是从事故树结构上，分析各基本事件的重要程度。如果进一步考虑基本事件发生概率的变化会对顶上事件发生概率产生多大的影响，就要分析基本事件的概率重要度。概率重要度分析也就是基本事件发生概率的变化对顶上事件的敏感度分析。

事故树概率重要度分析是在给定基本事件发生概率的情况下，计算每个基本事件对顶上事件发生概率的影响程度，以便更切合实际地确定各基本事件对预防事故发生的重要性，使我们更清楚地认识到要改进系统应重点控制哪些基本事件。

（1）顶上事件发生概率 Q。顶上事件发生的概率是所有割集的概率和，而每一个割集的概率是组成该割集基本事件的概率积。因此，顶上事件发生概率 Q 为

$$Q = \sum \phi(X) \prod_{i=1}^{n} q_i^{X_i} (1 - q_i)^{(1-X_i)} \tag{3-3}$$

式中　Q——顶上事件发生概率函数；

$\phi(X)$——顶上事件状态值，$\phi(X) = 0$ 或 $\phi(X) = 1$；

$\prod_{i=1}^{n}$——n 个事件的概率积；

X_i——第 i 个基本事件的状态值，$X_i = 0$ 或 $X_i = 1$；

q_i——第 i 个基本事件的发生概率。

以图 3-10 所示事故树为例，利用式（3-3）求顶上事件 T 的发生概率。该事故树共有两个基本事件，最小割集为

$$P_1 = \{X_1, X_2\}$$
$$P_2 = \{X_1, X_3\}$$

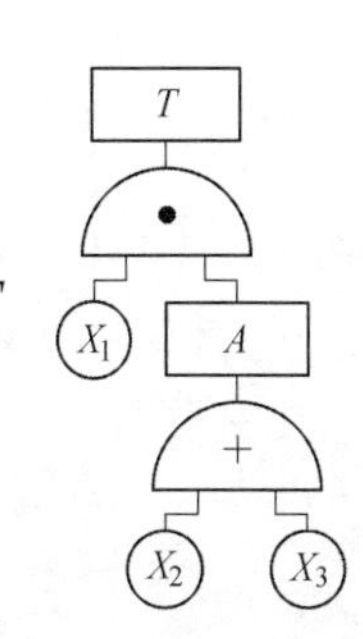

图 3-10　事故树

设 X_1、X_2、X_3 均为独立事件，其概率均为 0.1，则顶上事件的发生概率为

$$
\begin{aligned}
Q &= \sum \phi(X) \prod_{i=1}^{n} q_i^{X_i} (1-q_i)^{(1-X_i)} \\
&= 1 \times q_1^1(1-q_1)^0 \times q_2^1(1-q_2)^0 \times q_3^0(1-q_3)^1 (\text{注}:X_1、X_2\ \text{同时发生}) + \\
&\quad 1 \times q_1^1(1-q_1)^0 \times q_2^0(1-q_2)^1 \times q_3^1(1-q_3)^0 (\text{注}:X_1、X_3\ \text{同时发生}) + \\
&\quad 1 \times q_1^1(1-q_1)^0 \times q_2^1(1-q_2)^0 \times q_3^1(1-q_3)^0 (\text{注}:X_1、X_2、X_3\ \text{同时发生}) \\
&= q_1q_2(1-q_3) + q_1(1-q_2)q_3 + q_1q_2q_3 \\
&= 0.1 \times 0.1 \times 0.9 + 0.1 \times 0.9 \times 0.1 + 0.1 \times 0.1 \times 0.1 \\
&= 0.009 + 0.009 + 0.001 \\
&= 0.019
\end{aligned}
$$

（2）顶上事件发生概率 Q 的近似算法。在进行事故树分析时，往往遇到很复杂很庞大的事故树，有时事故树牵涉成百上千个基本事件，想要精确求出顶上事件发生的概率是非常困难的。因此，需要找出一种既能保证必要的精确度，又能较为省力地算出结果的简便方法。

近似算法是利用最小割集计算顶上事件发生概率的公式得到的。一般情况下，可以假定所有基本事件都是独立的，因而每个割集也是独立的。下面推导近似算法的公式。

设有某事故树的最小割集等效树如图 3-11 所示，顶上事件与割集的逻辑关系为

$$T = P_1 + P_2 + \cdots + P_m \tag{3-4}$$

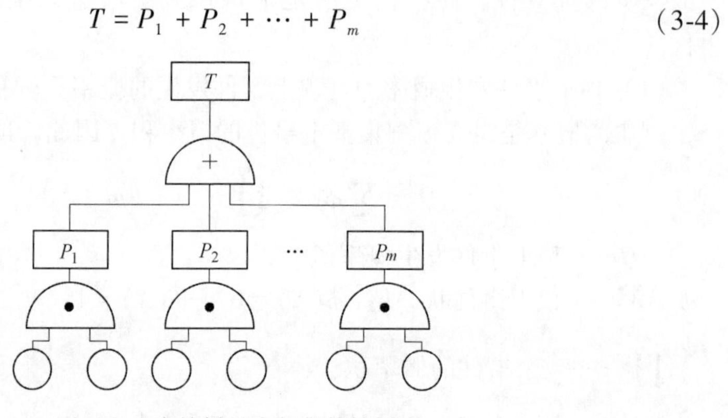

图 3-11　事故树最小割集等效树

顶上事件 T 发生的概率为 Q，割集 P_1，P_2，…，P_m 的发生概率分别为 E_1，E_2，…，E_m，由独立事件的概率和、概率积的公式得

$$
\begin{aligned}
Q(P_1 + P_2 + \cdots + P_m) &= 1 - (1-E_1)(1-E_2)\cdots(1-E_m) \\
&= (E_1 + E_2 + \cdots + E_m) - (E_1E_2 + E_1E_3 + \cdots + E_{m-1}E_m) + \\
&\quad (E_1E_2E_3 + \cdots + E_{m-2}E_{m-1}E_m) + \cdots + (-1)^{m-1}E_1E_2\cdots E_m
\end{aligned}
$$

只取一次项，将其余高次项全部舍弃，则顶上事件发生概率的近似公式为

$$Q \approx E_1 + E_2 + \cdots + E_m \tag{3-5}$$

图 3-10 所示事故树用近似公式计算顶上事件发生概率为

$$\begin{aligned} Q &\approx E_1 + E_2 \\ &= q_1q_2 + q_1q_3 \\ &= 0.1 \times 0.1 + 0.1 \times 0.1 \\ &= 0.02 \end{aligned}$$

（3）概率重要度系数。根据上述顶上事件发生概率 Q 的近似计算可知，顶上事件发生概率 Q 函数是一个多重线性函数，只要对自变量 q_i 求一次偏导数，就可得出该基本事件的概率重要度系数。

$$I_Q(i) = \frac{\partial Q}{\partial q_i} \tag{3-6}$$

当利用式（3-6）求出各基本事件的概率重要度系数后，就可以了解诸多基本事件，减少哪个基本事件的发生概率可以有效地降低顶上事件的发生概率，这一点可以通过下例看出。以图 3-9 所示事故树为例，事故树最小割集为 $\{X_1, X_3\}$，$\{X_1, X_5\}$，$\{X_3, X_4\}$，$\{X_2, X_4, X_5\}$。假设各基本事件概率分别为 $q_1 = 0.01$，$q_2 = 0.02$，$q_3 = 0.03$，$q_4 = 0.04$，$q_5 = 0.05$，求各基本事件概率重要度系数。

$$\begin{aligned} Q &\approx E_1 + E_2 + \cdots + E_m \\ &= q_1q_3 + q_1q_5 + q_3q_4 + q_2q_4q_5 \end{aligned}$$

各个基本事件的概率重要度系数为

$$I_Q(1) = \frac{\partial Q}{\partial q_1} = q_3 + q_5 = 0.08$$

$$I_Q(2) = \frac{\partial Q}{\partial q_2} = q_4q_5 = 0.002$$

$$I_Q(3) = \frac{\partial Q}{\partial q_3} = q_1 + q_4 = 0.05$$

$$I_Q(4) = \frac{\partial Q}{\partial q_4} = q_3 + q_2q_5 = 0.031$$

$$I_Q(5) = \frac{\partial Q}{\partial q_5} = q_1 + q_2q_4 = 0.0108$$

这样，就可以按概率重要度系数的大小排出各基本事件的概率重要度顺序：

$$I_Q(1) > I_Q(3) > I_Q(4) > I_Q(5) > I_Q(2)$$

这就是说，减小基本事件 X_1 的发生概率能使顶上事件的发生概率迅速降下来，它比按同样数值减小其他任何基本事件的发生概率都有效，其次是基本事件 X_3、X_4、X_5，最不敏感的是基本事件 X_2。

从概率重要度系数的算法可以看出这样的事实：一个基本事件重要度如何，并不取决于其本身的概率值大小，而取决于其所在最小割集中其他基本事件的概率积的大小，以及其在各个最小割集中重复出现的次数。

3.2.5.3　临界重要度分析

一般情况下，减少概率大的基本事件要比减少概率小的容易，而概率重要度系数并未反映这一事实，因此它不是从本质上反映各基本事件在事故树中的重要程度。而临界重要度系数 C_i 则是从敏感度和概率双重角度来衡量各基本事件的重要度标准，其定义式为

$$C_i = \frac{\partial \ln Q}{\partial \ln q_i} \tag{3-7}$$

它与概率重要度系数的关系如下：

$$C_i = \frac{q_i}{Q} I_Q(i) \tag{3-8}$$

图 3-9 所示事故树各基本事件的概率重要度系数分别为 $I_Q(1) = 0.08$，$I_Q(2) = 0.002$，$I_Q(3) = 0.05$，$I_Q(4) = 0.031$，$I_Q(5) = 0.0108$。由 $Q = \sum \phi(X) \prod_{i=1}^{n} q_i^{X_i} (1 - q_i)^{(1-X_i)}$ 可计算得 $Q=0.002$，则各基本事件的临界重要度系数为

$$C_1 = \frac{q_1}{Q} I_Q(1) = \frac{0.01}{0.002} \times 0.08 = 0.4$$

$$C_2 = \frac{q_2}{Q} I_Q(2) = \frac{0.02}{0.002} \times 0.002 = 0.02$$

$$C_3 = \frac{q_3}{Q} I_Q(3) = \frac{0.03}{0.002} \times 0.05 = 0.75$$

$$C_4 = \frac{q_4}{Q} I_Q(4) = \frac{0.04}{0.002} \times 0.031 = 0.62$$

$$C_5 = \frac{q_5}{Q} I_Q(5) = \frac{0.05}{0.002} \times 0.0108 = 0.27$$

因此，按临界重要度系数的大小排列各基本事件重要程度的顺序为

$$C_3 > C_4 > C_1 > C_5 > C_2$$

与概率重要度相比，基本事件 X_1 的重要程度下降了，这是因为其发生概率最小。基本事件 X_3 最重要，这不仅是因为其敏感度最大，而且其本身的概率值也较大。

三种重要度系数中，结构重要度系数从事故树结构上反映基本事件的重要程度，概率重要度系数反映基本事件概率的增减对顶上事件发生概率影响的敏感度，临界重要度系数从敏感度和自身发生概率大小双重角度反映基本事件的重要程度。

3.2.6 应用实例

3.2.6.1 事故树分析法在煤矿水灾评价中的应用

依据煤矿突水原理和能量意外释放与人为失误理论，煤矿突水事故是由于不合理生产过程使地表或地下水系统能量向井巷工程的意外释放造成的。不合理采矿活动是能量意外释放的诱因，不合理排水与安全救助措施加重了突水事故的灾害性，煤矿突水事故概念模型如图 3-12 所示。

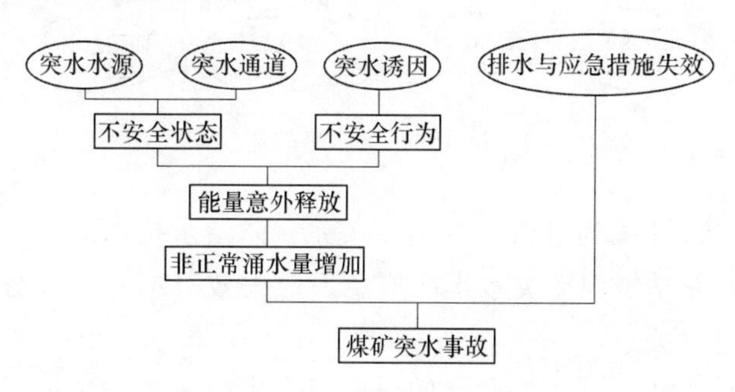

图 3-12 煤矿突水事故概念模型

在图 3-12 中，煤矿突水事故危险源可分为四类：第一类是突水水源，其能量以势能为主，地下水、地表水或老窑水水位、水压、水量表明危险物能量大小；第二类是突水通道，断层、陷落柱等天然突水通道及顶底板采动裂隙、人为钻孔等人为突水通道是能量释放途径，两者构成矿井水能量意外释放的物质条件，使矿井处于“不安全状态”；第三类是突水诱因，即生产过程中技术、管理和操作漏洞、失误等“不安全行为”，它们是导致突水水源能量增高、天然突水通道活化、人为突水通道形成、非正常涌水量增加的人为“突水诱发因素”；第四类是排水与应急措施失效，它们将非正常涌水恶化成造成生命和财产损失的突水事故。煤矿突水类型多种多样，上述四类危险源又包括若干直接或间接因素，矿井突水是煤矿安全事故中最难预测与防治、危害最大的事故。

在上述煤矿突水事故模型和突水危险源分类基础上，以煤矿突水为顶上事件（T），建立两级煤矿突水事故树基本模型，如图 3-13 所示。

在图 3-13 中，非正常涌水量增加（A_1）、排水能力不足（A_2）及应急反应失效（A_3）是造成煤矿突水事故（T）的必要条件，中间事件 A_1、A_2、A_3与顶上事件 T 为逻辑“与门”关系，构成煤矿突水事故树的第一层次。在煤矿突水事故树的第二层次中，矿井充水水源积聚（B_1）、充水通道活化（B_2）和充水诱因（B_3）是矿井非正常涌水域增加（A_1）的必要条件，它们与 A_1为逻辑“与门”关系；水泵能力不足（B_4）和水仓容量不足（B_5）是造成矿井排水能力不足（A_2）

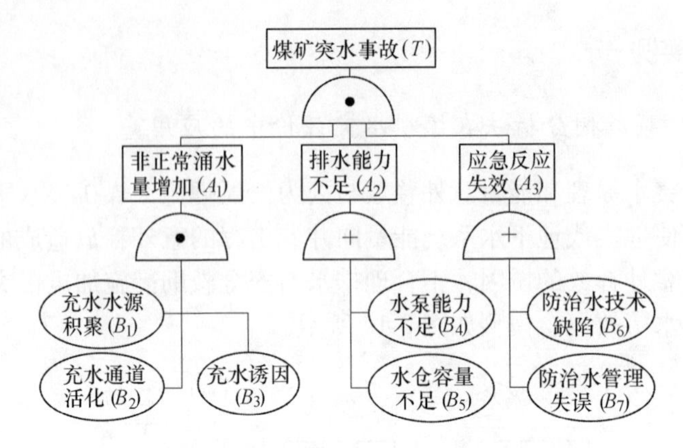

图 3-13 煤矿突水事故树模型

的必要条件，它们与A_2为逻辑“与门”关系；防治水技术缺陷（B_6）和防治水管理失误（B_7）是造成煤矿突水事故应急反应失效（A_3）的充分条件，它们与A_3为逻辑“或门”关系。

该基本模型是单成因（类型）的煤矿突水事故树模型，根据突水水源的不同，可分析地表水充水、孔隙水充水、裂隙水充水、老窑水充水和岩溶水充水引起的煤矿突水事故。根据突水通道不同，可分析断层突水、陷落柱突水等煤矿突水事故。同时，可通过对事故树中各中间和基本事件的进一步分解实现复杂矿井、复杂成因的煤矿突水事故评价。

3.2.6.2 事故树分析法在煤矿火灾事故分析中的应用

煤矿火灾事故，是矿井重大事故之一。一旦发生煤矿火灾事故，不仅会烧伤人员，烧毁设备和资源，而且由于火灾产生的大量一氧化碳等有毒有害气体会导致大量人员窒息死亡，同时火灾产生的火风压会引起风流逆转，从而导致矿井通风系统紊乱，还会引起瓦斯与煤尘爆炸，因此煤矿火灾事故是煤矿安全生产的重大威胁。预防煤矿火灾事故是煤矿安全生产的根本保证之一。另外煤矿井下存在大量可燃物质，如坑木，变压器油、润滑油等油脂，煤和含碳的页岩等碳质类物质，瓦斯、氢气、一氧化碳等可燃气体。因此，矿井内有较多可燃烧的物质基础。通过对煤矿火灾事故统计分析，建立煤矿火灾事故树，如图 3-14 所示。

用布尔代数进行计算得

$$
\begin{aligned}
T &= A_1A_2\alpha \\
&= (x_1 + x_2 + x_3 + x_4 + x_5)\beta(x_6 + A_3)\gamma\alpha \\
&= (x_1 + x_2 + x_3 + x_4 + x_5)\beta(x_6 + A_4 + A_5 + x_{18} + x_{19})\gamma\alpha \\
&= (x_1 + x_2 + x_3 + x_4 + x_5)\beta(x_6 + x_7 + x_8 + x_9 + x_{10} + \cdots + x_{19})\gamma\alpha
\end{aligned}
$$

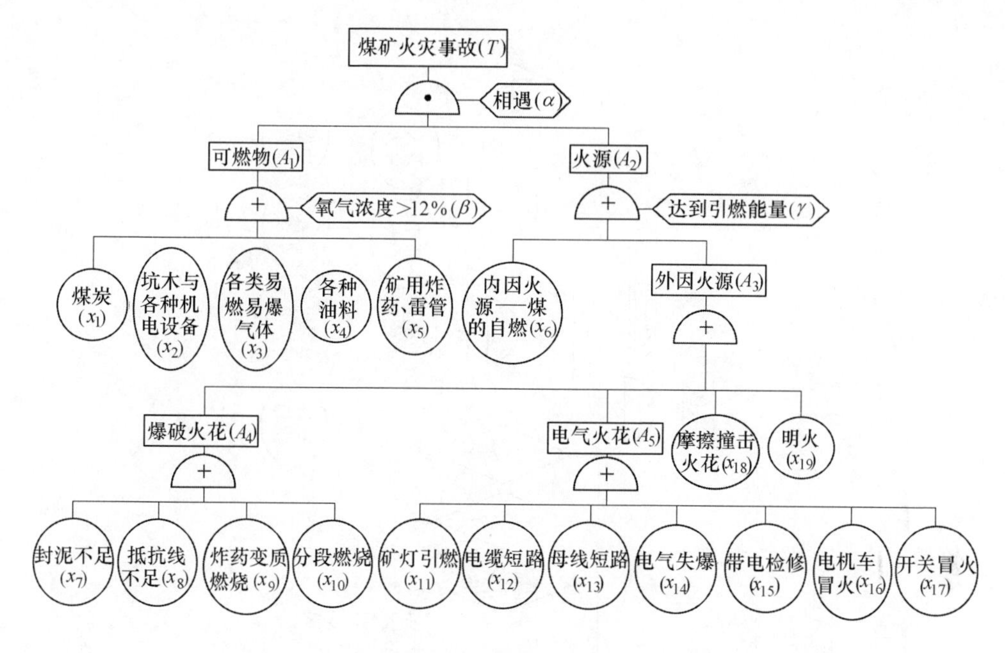

图 3-14 煤矿火灾事故树

3.2.6.3 事故树分析法在煤矿瓦斯爆炸事故分析中的应用

煤矿瓦斯爆炸或瓦斯燃烧事故是井下重大灾害之一。一旦发生瓦斯事故，特别是瓦斯爆炸事故，会造成人员的大量伤亡和巷道与设备的严重毁坏，并会造成巨大的经济损失。为预防瓦斯事故，尤其是预防瓦斯爆炸事故及盲巷窒息事故的发生，本节采用事故树分析方法，分析和评价事故发生的原因和规律，找出相应的预防措施。

（1）瓦斯爆炸事故树的构造：

通过对瓦斯爆炸事故的调查分析，找出了影响事故发生的 32 个基本事件，根据其发生的逻辑关系，构成如图 3-15 所示的事故树。

由事故树图写出其结构表达式：

$$
\begin{aligned}
T &= A_1 \cdot A_2 \cdot \alpha \\
&= A_3 \cdot \beta \cdot A_2 \cdot \alpha \\
&= (A_4 + A_5 + A_6) \cdot \lambda \cdot \beta \cdot (A_7 + X_{18} + X_{19} + X_{20} + A_8 + X_{28}) \cdot \gamma \cdot \alpha \\
&= (X_1 + X_2 + \cdots + X_{13}) \cdot \lambda \cdot \beta(X_{14} + X_{15} + \cdots + X_{28}) \cdot \gamma \cdot \alpha
\end{aligned}
$$

（2）瓦斯爆炸事故树的分析：

1）求最小割集。对事故树进行分析，将上式展开，可求出其最小割集 195 组，即引起瓦斯爆炸的“可能途径”有 195 种。每一组最小割集，就是一种发生

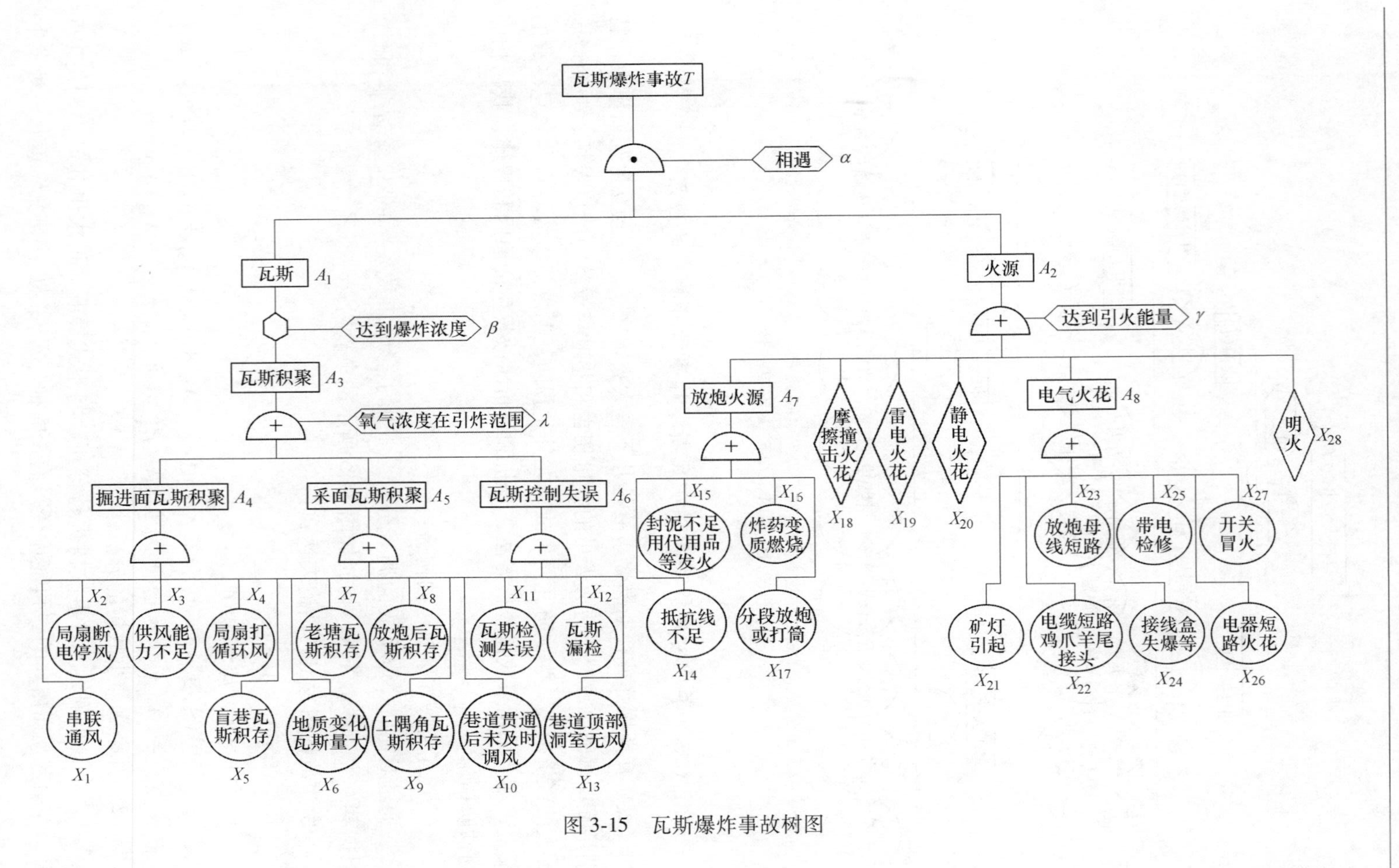

图 3-15　瓦斯爆炸事故树图

事故的模式，这些最小割集是：

$$K_1 = \{X_1, \lambda, \beta, X_{14}, \gamma, \alpha\}$$
$$K_2 = \{X_1, \lambda, \beta, X_{15}, \gamma, \alpha\}$$
$$\vdots$$
$$K_{45} = \{X_3, \lambda, \beta, X_{28}, \gamma, \alpha\}$$
$$K_{46} = \{X_4, \lambda, \beta, X_{14}, \gamma, \alpha\}$$
$$K_{47} = \{X_4, \lambda, \beta, X_{15}, \gamma, \alpha\}$$
$$\vdots$$
$$K_{180} = \{X_{12}, \lambda, \beta, X_{28}, \gamma, \alpha\}$$
$$K_{181} = \{X_{13}, \lambda, \beta, X_{14}, \gamma, \alpha\}$$
$$K_{182} = \{X_{13}, \lambda, \beta, X_{15}, \gamma, \alpha\}$$
$$\vdots$$
$$K_{195} = \{X_{13}, \lambda, \beta, X_{28}, \gamma, \alpha\}$$

共有 195 组最小割集。

2）求最小径集。根据图 3-15 做出其成功树图，如图 3-16 所示。

用布尔代数法解出最小径集，写出成功树的结构表达式：

$$\begin{aligned} T' &= A_1' + \alpha' + A_2' \\ &= A_3' + \beta' + \alpha' + A_2' \\ &= A_4'A_5'A_6' + \lambda' + \beta' + \alpha' + A_7'X_{18}'X_{19}'X_{20}'A_8'X_{28}' + \gamma' \\ &= X_1'X_2'\cdots X_{13}' + \lambda' + \beta' + \alpha' + X_{14}'X_{15}'\cdots X_{28}' + \gamma' \end{aligned}$$

由此得出 6 组最小径集：

$$P_1 = \{\alpha\},\ P_2 = \{\beta\},\ P_3 = \{\gamma\},\ P_4 = \{\lambda\},$$
$$P_5 = \{X_1, X_2, \cdots, X_{13}\},\ P_6 = \{X_{14}, X_{15}, \cdots, X_{28}\}$$

说明仅有 6 种不使瓦斯爆炸事故发生的“可能途径”。

3）结构重要度分析。为了简便起见，按所求最小径集判别各基本事件的结构重要度。

①α、β、γ 和 λ 为单因素，其结构重要度相等，且最大，即：$I_\phi(\alpha) = I_\phi(\beta) = I_\phi(\lambda) = I_\phi(\gamma)$。

②在不同的最小径集中，基本事件不相交，P_5的阶数比 P_6低，所以 P_5中的基本事件结构重要度大于 P_6中的基本事件结构重要度，即：$I_\phi(1) = I_\phi(2) = \cdots = I_\phi(13) > I_\phi(14) = I_\phi(15) = \cdots = I_\phi(28)$。

③故得各基本事件结构重要度顺序为：

$I_\phi(\alpha) = I_\phi(\beta) = I_\phi(\gamma) = I_\phi(\lambda) > I_\phi(1) = I_\phi(2) = \cdots = I_\phi(13) > I_\phi(14) = I_\phi(15) = \cdots = I_\phi(28)$

（3）瓦斯爆炸危险度分析结果：

1）由事故树图可见，“或门”个数占 87.5%，这样，大部分基本事件都能单个输出。而“与门”个数仅占 12.5%，只有少数几个基本事件同时发生才有

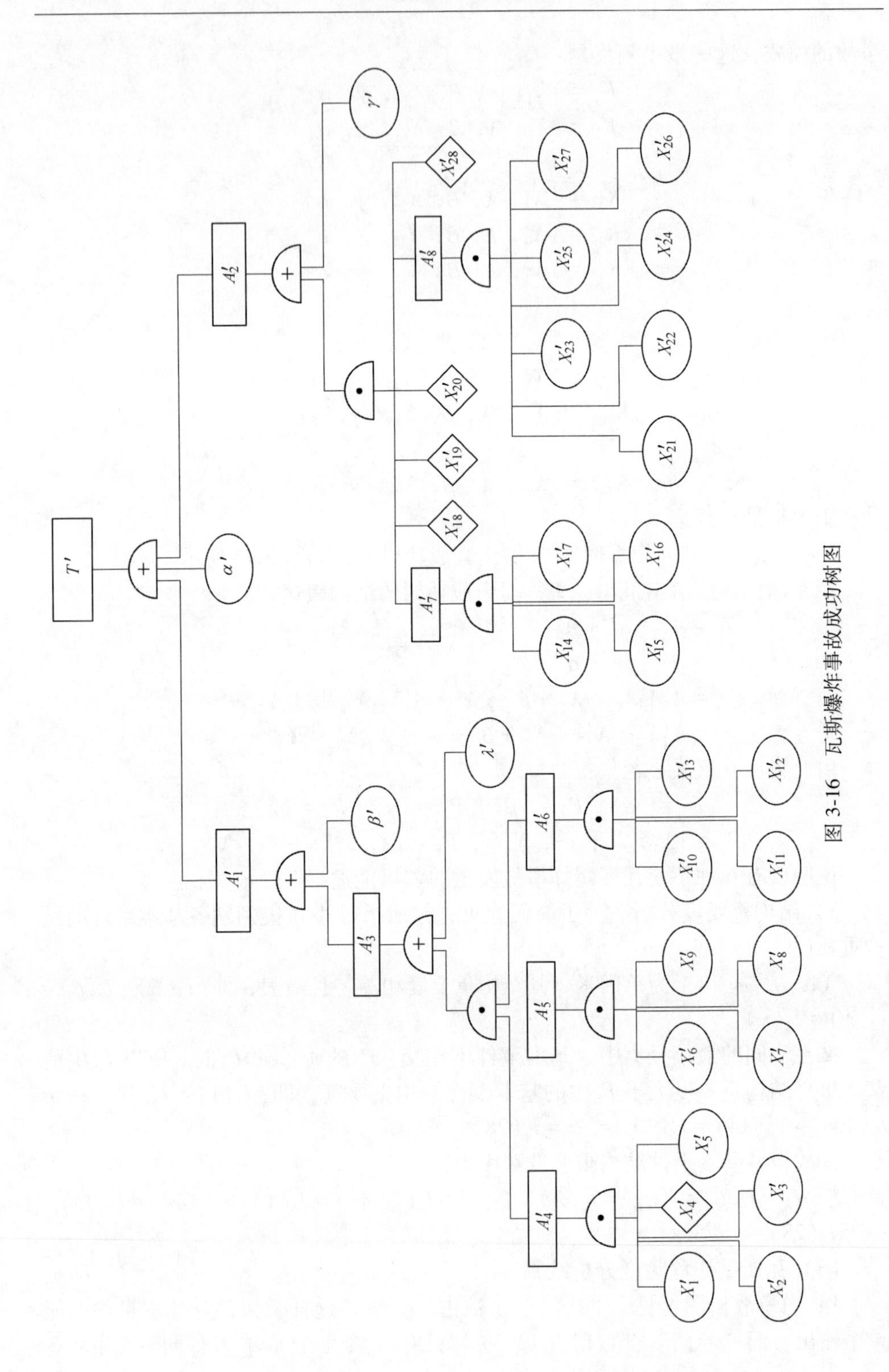

图 3-16 瓦斯爆炸事故成功树图

输出。因此，从“或门”、“与门”的比例数来看，可知瓦斯爆炸的危险性是很大的。

2）从最小割集数来看，共有195组，表明导致瓦斯爆炸有195种“可能途径”。这说明瓦斯爆炸的可能性是很大的。

从前面求出的最小的割集分析可知，任一最小割集K_i中的基本事件全部发生，瓦斯爆炸事故就发生。如K_1中，当X_1（局部通风机断电停风）发生，则发生瓦斯积聚，如果满足条件β、λ，即满足氧气浓度在引爆范围内以及瓦斯积聚其浓度达到了爆炸范围，这时瓦斯具有爆炸性；如遇上X_{14}发生，即遇上放炮时封泥不足或使用代用品发生明火，则必然发生瓦斯爆炸（T发生）。

由前述可知，用最小割集表示的等效事故树图中，顶上事故是若干个交集的并集。也就是说，任一最小割集中的各基本事件发生，则事故（T）一定会发生。如果最小割集中的基本事件数越多，事故越难发生；反之，基本事件越少，事故发生就较容易。由求出的最小割集K_i可见，每个最小割集中实质上只有两个基本事件存在，即瓦斯积聚和引爆火源，其余的都是条件。煤矿井下，λ和γ的条件是满足的，由此可知，瓦斯积聚只要达到爆炸浓度（即满足β条件），一旦与火源相遇（即满足条件α）势必要导致瓦斯爆炸事故。由此也说明，煤矿井下瓦斯爆炸事故是极易发生的。

3）从结构重要度分析。从求出的基本事件结构重要度顺序来看，α、β、γ、λ的结构重要度相等且最大，说明它们在系统中占的位置最重要，对事故发生影响也最大。其次是X_1，X_2，…，X_{13}，最后，是X_{14}，X_{15}，…，X_{28}。从它们在最小割集中出现的次数来看，α、β、γ和λ每一个最小割集中都出现了，共出现195次，说明如果α、β、γ和λ不发生，则事故就不会发生。如果X_1或X_i任一个（$i=2$，3，…，13）事件不发生，则仅少掉15种导致瓦斯爆炸事故的“可能途径”。如果X_{14}或X_j任一个（$j=15$，16，…，28）事件不发生，也仅仅少掉13种导致瓦斯爆炸事故的“可能途径”。由此，可根据各基本事件的结构重要度顺序，制定具有针对性的预防事故发生的安全技术措施。

4）根据最小径集判定预防事故发生的措施。本例最小径集共有六组，其事故树等效图如图3-17所示。

从该图可见，只要使P_i中的任一个不发生，则事故就不会发生。根据最小径集的定义可知，使瓦斯爆炸事故不发生，可从如下三种方案来考虑：

①若使P_2不发生，则事故（T）就不会发生。要使P_2不发生，则仅使β条件不发生，即使瓦斯积聚达不到爆炸界限。这样可判定出相应的预防措施，如加大风量，加强通风科学管理，消除串联通风、循环风，加强瓦斯抽放等。这样，采取有效措施，使瓦斯浓度达不到爆炸界限，事故就不会发生。

②若使P_4不发生，则事故（T）就不会发生。要使P_4不发生，可使X_1（局部通风机断电停风）、X_2（串联通风）、X_3（供风能力不足）、X_4（风扇打循环

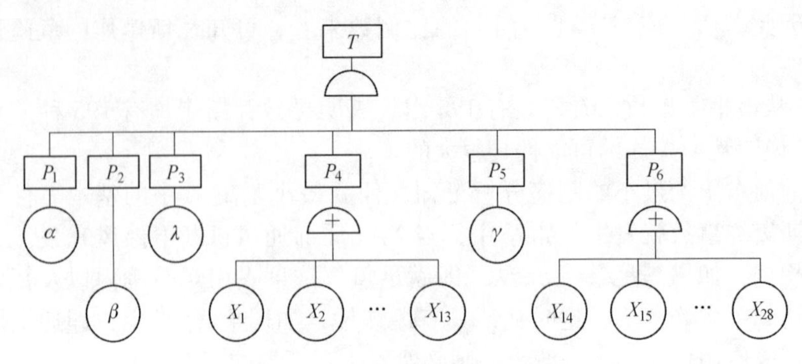

图 3-17　瓦斯爆炸事故树等效图

风）、X_5（盲巷瓦斯积存）、X_6（地质变化瓦斯量大）、X_7（老塘瓦斯积存）、X_8（放炮后瓦斯积存）、X_9（上隅角漏检）、X_{13}（巷道顶部、硐室无风）等同时都不发生，事故才不发生。为此，则需判定相应的具体预防措施。如保证供风能力、加强科学管理，消除串联风、循环风，加强盲巷管理，消除盲巷瓦斯积聚等。根据各基本事件，采取相应的措施。

③若使 P_6 不发生，则事故（T）就不会发生。要使 P_6 不发生，可使 A_7（放炮火源）、A_8（电气火花）、X_{18}（摩擦撞击火花）、X_{19}（雷电引起井下火花），X_{20}（静电火花）都不发生，也就是说火源不出现，当然瓦斯爆炸事故不会出现。这样，采取相应的预防措施，消除火源，井下瓦斯爆炸事故也就可以预防了。

一般情况下，井下空气中的氧气含量都大于 12%，即符合条件 λ，因此要使 P_3 不发生是不现实的，而井下出现的火源，一般情况下它的能量也一定能达到引爆能量。所以，要使 P_5 不发生，采取措施与使 P_6 不发生的措施相同，只要使 P_6 不发生，P_5 也就不会发生。

3.3　事件树分析法

3.3.1　概述

事件树分析（event tree analysis，ETA）是系统安全工程的重要分析方法之一。1974 年美国耗资 300 万美元在对核电站进行风险评价中事件树分析曾发挥过重要作用，目前事件树分析法在许多国家已形成标准化的分析方法。

事件树分析法的理论基础是决策论。它与事故树分析法正好相反，是一种从原因到结果的自下而上的分析方法。一起事故的发生，是许多原因事件相继发生的结果。其中，一些事件的发生是以另外一些事件首先发生为条件的，而一些事件的出现，又会引起另外一些事件的出现。在事件发生的顺序上，存在着因果的逻辑关系。因此，事件树分析法是一种时序逻辑的事故分析方法，它以一个初始事件为起点，按照事故的发展顺序，分成阶段，一步一步地进行分析，每一事件可能的后续事件只能取完全对立的两种状态（成功或失败，正常或故障，安全或危险等）之一的原则，逐步向结果方面发展，直到达到系统故障或事故为止。所分析的情况用树枝状图表示，故叫事件树。它既可以定性地了解整个事件的动态变化过程，又可以定量地计算出各阶段的概率，最终了解事故发展过程中各种状态的发生概率。

3.3.2 事件树分析法介绍

事件树分析从事故的起因事件（或诱发事件）开始，途经原因事件到结果事件为止，每一事件都按“成功”和“失败”两种状态进行分析。成功和失败的分叉称为歧点，把树枝的上分支作为成功事件，把下分支作为失败事件，按事件发展顺序不断延续分析，直至最后结果，最终形成一个在水平方向横向展开的树形图。显然，有 n 个阶段，就有 $n-1$ 个歧点。根据事件发展的不同情况，如已知每个歧点处成功或失败的概率，就可以计算出各种不同结果的概率。事件树分析步骤见表 3-9。

事件树分析法可以定性定量地辨识初始事件发展为事故的各种过程及后果，并分析其严重程度。根据事件树图可在各发展阶段的每一步采取有效措施，使之向成功方向发展。事件树是一种图解形式，层次清楚、阶段明显，可以进行多阶段、多因素复杂事件动态发展过程的分析，预测系统中事故发展的趋势。事件树分析法可看做是事故树分析法的补充，可以将严重事故的动态发展过程全部揭示出来。

表 3-9 事件树分析步骤

步　骤	说　明
确定初始事件	初始事件一般指系统故障、设备失效、工艺异常、人的失误等。初始事件是事先设想或估计的，与此同时也设定防止初始事件继续发展的安全措施、操作人员处理措施和程序等。安全措施通常包括：（1）能自动对初始事件作出反应的安全系统；（2）初始事件发生时的报警装置；（3）供操作人员作出正确处理的操作规程；（4）防止事故进一步扩大的措施
绘制事件树	从初始事件开始，按事件发展过程自左向右绘制事件树，用树枝代表事件发展途径。首先考察初始事件一旦发生时最先起作用的安全功能，然后依次考察各种安全功能的两种可能状态，把发挥功能的状态（又称成功状态）画在上面的分枝，把不能发挥功能的状态（又称失败状态）画在下面的分枝，直至系统故障或事故为止
阐明事故结果	通过事件树分析，由初始事件导出各种事故结果
定量计算、分级	已知各个事件的发生概率，即可进行定量计算（设各歧点的成功概率为 P_i，则失败概率为 $1-P_i$）。根据定量计算的结果，作出事故严重程度的分级

3.3.3　事件树定量计算及应用

下面以图 3-18 为例来介绍事件树定量计算方法。图 3-18 所示为一个水泵和两个阀门并联的简单系统，图 3-19 为其事件树图，求水泵成功启动的概率（已知 A、B、C 可靠度分别为 0.95、0.9、0.9）。

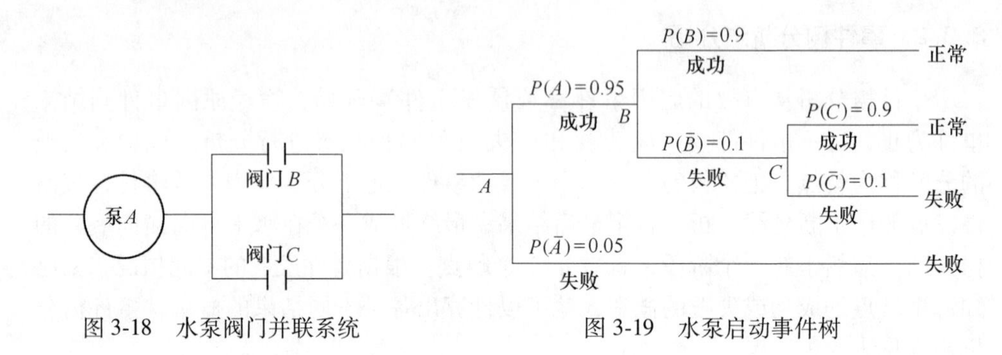

图 3-18　水泵阀门并联系统　　　图 3-19　水泵启动事件树

该系统的可靠度为

$$
\begin{aligned}
P(S) &= P(A)P(B) + P(A)[1 - P(B)]P(C) \\
&= 0.95 \times 0.9 + 0.95 \times (1 - 0.9) \times 0.9 \\
&= 0.9405
\end{aligned}
$$

下面以盲巷瓦斯积聚导致中毒窒息事故为例，进一步说明事件树的构建及其分析过程。图 3-20 为其事件树图。

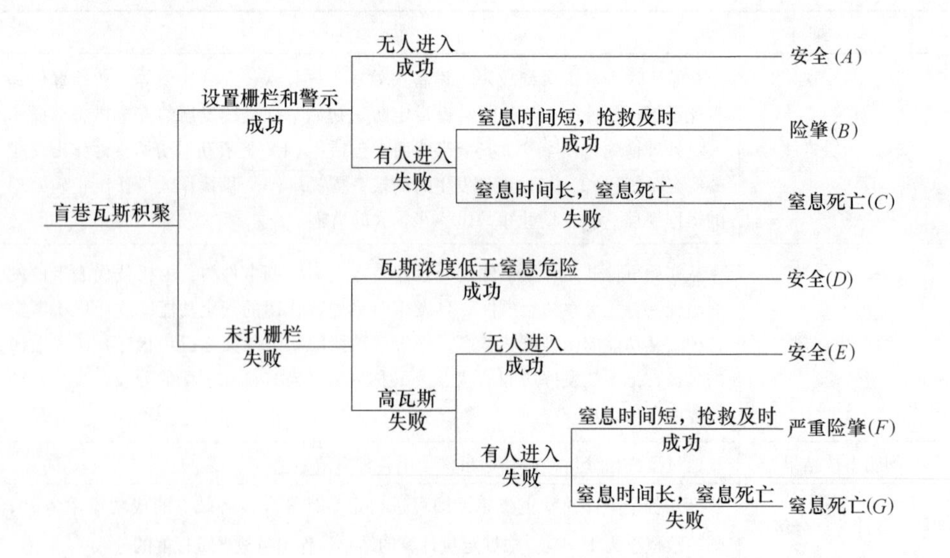

图 3-20　盲巷瓦斯积聚事件树

3.3.4　应用实例

（1）事件树分析法在煤矿坠仓事故分析中的应用。煤矿井下都设有煤仓且数量多，一个小型矿井的井下煤仓数就有3~8个，一个中大型矿井的井下煤仓数量达到10~20个，巨型矿井的井下煤仓数量更多，有的煤仓深度达几十米，仓内瓦斯容易积聚，环境恶劣，一旦坠入煤仓后果惨重。然而由于工人安全意识不强，重视不够，类似事故时有发生，严重影响了煤炭生产的正常进行。如2007年8月15日，西山煤电有限责任公司屯兰矿井下一名工人坠入煤仓死亡，直接经济损失33万元。事故的发生，对受伤害者的家属、企业乃至社会的发展都造成了不同程度的影响和损失。对于煤矿坠仓事故，煤矿企业往往是事后吸取教训，采取一定的措施，如安装栅栏、悬挂安全标示牌等，没有根据事故发展的整个过程全面分析事故原因，采取措施，从根本上防止事故的发生。因此，分析研究煤仓事故产生的动态因素，采取措施保证煤矿安全生产具有重要的意义。

运用事件树分析法全面分析事件发生、发展的整个过程，研究可能导致事故的原因，据此提出相应的防范措施，从而防止事故的发生。

1）煤矿坠仓事故原因动态分析：

①坠仓事故事件树编制。在事件树分析原理、分析步骤基础上，对煤矿坠仓事故进行事件树分析，具体情况如表3-10所示。在以上分析的基础上，对煤矿坠仓事故编制事件树，如图3-21所示。

表3-10　坠仓事故分析表

序号	类　别	内　　容
1	初始事件	工人在煤仓口附近工作
2	子系统	安全栅栏、工人、煤仓
3	后续事件状态	安全栅栏完好还是损坏，工人是否看见煤仓，工人是否走到煤仓口，煤仓内的状况是良好还是差

②事故原因动态分析。在以上编制的煤矿坠仓事故事件树基础上，通过事故连锁和成功连锁对坠仓事故进行全面、动态的分析。

a. 事故连锁分析：

事件树的各分支代表初始事件一旦发生其可能的发展途径。其中，最终导致事故的途径即为事故连锁。一般地，导致系统事故的途径有很多，即有多条事故连锁。显然，事故连锁越多，系统越危险。事故连锁中包含的初始事件和后续事件之间具有“逻辑与”的关系，事故连锁中事件数目越少，系统越危险。由图3-21可知煤矿坠仓事故事件树分析中包含的事故连锁情况，具体情况如表3-11所示。由图3-21及表3-11可知，坠仓事故事件树共有9条分支，其中事故连锁有4条，即事故后果为受伤、死亡的分支。

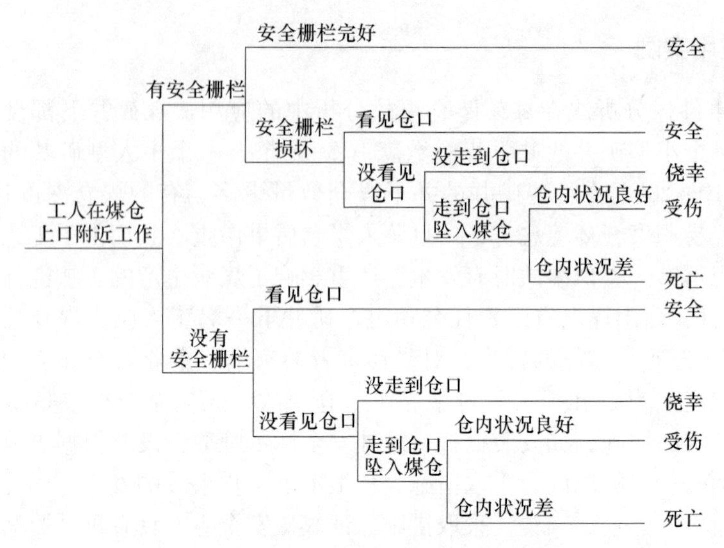

图 3-21　煤矿坠仓事故事件树分析图

表 3-11　事故连锁表

序号	基本事件个数	基 本 事 件	连锁后果
1	6	工人在煤仓上口附近工作，有安全栅栏，安全栅栏损坏，没看见仓口，走到仓口坠入煤仓，仓内状况良好	受伤
2	6	工人在煤仓上口附近工作，有安全栅栏，安全栅栏损坏，没看见仓口，走到仓口坠入煤仓，仓内状况差	死亡
3	5	工人在煤仓上口附近工作，有安全栅栏，没看见仓口，走到仓口坠入煤仓，仓内状况良好	受伤
4	5	工人在煤仓上口附近工作，没有安全栅栏，没看见仓口，走到仓口坠入煤仓，仓内状况差	死亡

从事件树上可以看出，最后的事故是一系列危害和危险的发展结果，如果中断这种发展过程就可以避免事故发生。因此，在事故发展过程的各阶段，应采取各种可能措施，控制事件的可能性状态，防止危害状态的出现，保证安全状态的出现，把事件发展过程引向安全的发展途径。对于坠仓事故来说，要采取措施防止“没有安全栅栏”、“安全栅栏损坏”、“没看见仓口”、“走到仓口坠入煤仓”、“仓内状况差”等危害事件的发生。

由于事件树反映了事件之间的时间顺序，如果在事件发展的前期过程采取措施，可使事件向安全的方向发展。

事件树的事故连锁代表初始事件一旦发生导致事故的可能的发展途径。各个事故连锁对于整个系统而言是“逻辑或”的关系，因此，要保证系统的安全，需要杜绝每一条事故连锁的发生。

b. 成功连锁分析。在达到安全的途径中，发挥安全功能的事件构成事件树的成功连锁。一般地，事件树中包含的成功连锁可能有多个，即可以通过若干途径来防止事故发生。显然，成功连锁越多，系统越安全；成功连锁中事件数目越少，系统越安全。由图 3-21 可知煤矿坠仓事故事件树分析中包含的成功连锁情况，具体情况如表 3-11 所示。由图 3-21 及表 3-11 可知，坠仓事故事件树共有 9 条分支，其中成功连锁有 5 条，即结果为安全、侥幸的分支。事件树中最终达到安全的途径可用于指导如何采取措施预防事故。如果能保证这些安全功能发挥作用，则可以防止事故。

2）防范措施。通过对煤矿坠仓事故动态分析可知，栅栏的状况、工人的安全意识及仓内状况是导致事故的关键因素，也是保证工人安全生产的要点，因此，为防止类似事故的发生，采取以下防范措施：

①首先应采取措施保证工人工作环境的安全。规程中规定，煤仓口应设置防止工人坠入煤仓的安全防护装置，通常情况下是安全栅栏。因此，应在煤仓口附近设置符合要求的栅栏，确保栅栏的质量，切实起到保护工人的作用，同时应定期对栅栏的性能进行检查，发现问题要及时进行有效整改。

②为防止事故的发生，应大力加强对职工的安全培训，提高工人安全知识，增强工人安全意识，使其明确工作环境存在的危险因素，能够有效躲避危险。为了保证培训的效果，要加强考核力度。

③在煤仓口附近设置安全警示标志，对附近工作工人及经过的工人进行危险提醒，明确存在的危险。为了增强夜间工作工人安全意识，应在附近设置照明灯。

④采取措施改善煤仓内的状况，如可采取措施防止瓦斯积聚。

⑤为了降低事故一旦发生所导致的后果，编制详细的煤矿坠仓事故应急预案，为保证应急预案切实发挥效果，要定期进行应急演练。同时，可对煤仓进行监控，当煤仓内发生危险事件时提出报警，以便及时采取措施降低事故后果。

3）结论：

①利用事件树分析了在不同条件下工人在煤仓口附近工作可能事件的发生、发展过程，及可能导致的事件结果，并编制了煤矿坠仓事故事件树，通过事件树分析，可动态地了解事故发生的具体过程、可能造成的事故后果及发生事故的原因。

②对于编制的煤矿坠仓事件树，分析事故连锁，明确可能导致事故的途径，通过采取措施切断事故连锁，从而杜绝事故的发生；分析成功连锁，明确保证工人安全生产的途径，为工人安全生产提供指导。

③为防止事故的发生，在对事故发生原因动态分析基础上，采取相应的防范措施，保证工人安全生产。主要包括安全栅栏的有效安装、标志牌的设置、工人培训、煤仓内环境改善、对煤仓情况进行监控及建立应急预案等方面。

（2）事件树分析法在煤矿井下瓦斯事故分析中的应用。

1）在煤矿井下生产过程中，由于瓦斯突出、通风不良等各种原因，会造成作业环境内瓦斯异常。一方面瓦斯会使人员中毒窒息，如果在温度（650～750℃）和氧气（含量大于12%）等条件满足时，就会发生瓦斯爆炸事故，造成井下作业人员群死群伤。其事故流程框图如图3-22所示。

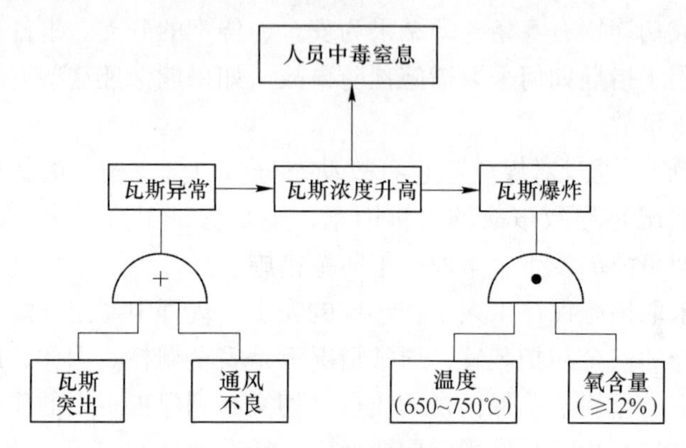

图3-22　瓦斯事故流程框图

为了描述瓦斯事故的发生，采用事件树分析（ETA）方法从基本事件“瓦斯异常”开始，通过各对应的事件，逐步揭示发生瓦斯事故的过程。分析各事件对瓦斯事故的影响和作用，找出各种因素在瓦斯事故中的影响程度及防范措施，降低瓦斯事故发生的可能性。

2）事件树分析（ETA）。以瓦斯异常为初始事件（事件*A*），结合事故流程图和相应的安全措施，绘出事件树分析图，如图3-23所示。

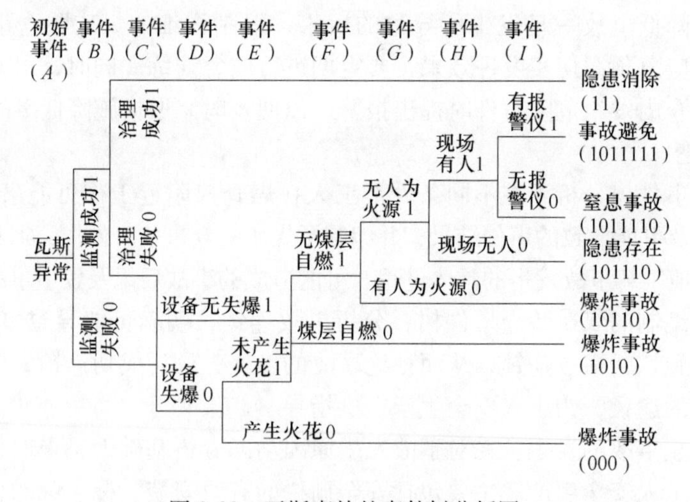

图3-23　瓦斯事故的事件树分析图

3）定性分析事件树：

①监测和治理环节（事件 B、C）。监测环节成功与否，涉及对瓦斯治理或人员有效避灾。从图 3-23 事件树可见，只有事件 B 和事件 C 均处于正常状态（11）时，事故隐患才能消除。

②火源环节（事件 D、E、F、G）。火源的存在与否决定瓦斯爆炸的温度条件，瓦斯治理失败（事件 $C=0$）时，从图 3-23 的事件树可见，只要事件 D、E、F、G、H、I 均处于正常状态（1011111）时，瓦斯事故得以避免。其他 5 种状态（1011110）、（101110）、（10110）、（1010）、（000）均为系统失败。其中 3 种状态（10110）、（1010）、（000）直接导致瓦斯爆炸。

③现场管理环节（事件 H、I）。瓦斯异常时现场是否有人（事件 H），有无携带便携式报警仪（事件 I），是煤矿现场管理的主要内容。前者可有效避免人员伤害（101110），后者能及时报警（1011111），人员撤离现场，防止事态扩大。

4）防范措施。通过对事件树的分析，当煤矿井下瓦斯异常（事件 A）时，及时监测到煤矿井下瓦斯的信息是至关重要的。所以，正常发挥瓦斯监测监控的功能，是煤矿生产过程中有效治理瓦斯，防止瓦斯事故的先决条件。而现场人员有无携带便携式报警仪（事件 I），是瓦斯监控的最后一道关口。所以，要避免瓦斯事故，除搞好瓦斯监测监控系统，杜绝电气设备失爆和其他火源外，对于每一个独立的作业点（如巷道维修），要求配备一台便携式报警仪，以便对作业点的瓦斯实施更好的监控。

3.4　危险性预先分析法

3.4.1　概述

危险性预先分析（preliminary hazard analysis，PHA）也称初步危险分析，是安全评价的一种方法。该方法是在每项生产活动之前，特别是在设计的开始阶段，对系统存在危险类别、出现条件、事故后果等进行概略的分析，尽可能评价出潜在的危险性。

通过危险性预先分析，可以解决如下 5 个方面的问题：

（1）大体识别与系统有关的主要危险、有害因素。

（2）分析和判断危险、有害因素导致事故发生的原因。

（3）评价事故发生对人员及系统产生的影响，事故可能造成的人员伤害和系统破坏、物质损失的情况。

（4）确定已识别危险、有害因素的危险性等级。

（5）提出消除或控制危险、有害因素的对策措施。

危险性预先分析是进一步进行危险分析的先导，是宏观的概略分析，是一种定性方法。在项目发展的初期，使用该方法能够识别可能的危险，用较少的费用或时间可以进行改正，从而使项目在投入使用后，避免因设计缺陷造成事故。因此，危险性预先分析法一般适用于安全预评价。

3.4.2 危险性预先分析法步骤

（1）危险性预先分析步骤：

1）通过经验判断、技术诊断或其他方法，调查确定危险源及其存在地点，即识别出系统存在的危险、有害因素，并确定其存在于系统的哪些子系统（部位），对所需分析系统的生产目的、物料、装置及设备、工艺过程、操作条件及周围环境等进行充分详细的调查了解。

2）根据过去的经验教训及同行业生产中发生的事故（或灾害）情况，包括对系统的影响、损坏程度，类比判断所要分析的系统中可能出现的情况，查找能够造成系统故障、物质损失和人员伤害的危险性，分析事故（或灾害）的可能类型。

3）对确定的危险源分类，制成预先危险性分析表。

4）识别转化条件，即研究危险、有害因素转变为危险状态的触发条件和危险状态转变为事故（或灾害）的必要条件，并进一步寻求对策措施，检验对策措施的有效性。

5）进行危险性分级，排列出轻、重、缓、急次序，以便处理。

6）制定事故（或灾害）的预防性对策措施。

（2）危险性预先分析等级划分。在分析系统危险性时，为了衡量危险性的大小及其对系统破坏性的影响程度，可以将各类危险性划分为4个等级，见表3-12。

表 3-12 危险性等级划分表

级别	危险程度	可能导致的后果
Ⅰ	安全的	不会造成人员伤亡及系统损坏
Ⅱ	临界的	处于事故的边缘状态，暂时还不至于造成人员伤亡、系统损坏或降低系统性能，但应予以排除或采取控制措施
Ⅲ	危险的	会造成人员伤亡和系统损坏，要立即采取防范措施
Ⅳ	灾难性的	造成人员重大伤亡及系统严重破坏的灾难性事故，必须予以果断排除并进行重点防范

3.4.3 应用实例

3.4.3.1 危险性预先分析法在矿井重大危险源安全评估中的应用

如何搞好煤矿安全生产，降低事故发生率，提高煤矿安全生产管理水平，是摆在煤矿安全管理人员面前的一件大事，煤矿重特大事故类型有以下几种：煤（岩）与瓦斯（二氧化碳）突出事故；瓦斯爆炸事故；煤尘爆炸事故；矿井火灾（包括内因火灾和外因火灾）事故；矿井水灾事故；冲击地压引起的顶板事故。

上述六种灾害是威胁煤矿安全生产的最严重的灾害，如何杜绝这些重特大事故发生，要求我们首先要对矿井存在的重大危险源进行辨识和分析，找出危险、有害因素产生的原因及可能导致的后果，在综合分析的基础上，提出消除和减弱危险、有害因素的措施及建议，这也是对重大危险源进行安全评估的过程。

（1）危险性预先分析安全评价法介绍。预先危险度分析法和安全检查表法是重大危险源评估中经常用到的两种方法，下面主要介绍一下预先危险度分析法。危险、有害因素危险度等级的划分数学模型：

$$W = \sum (P \cdot K) / \sum K \tag{3-9}$$

式中 W——危险、有害因素危险度值；

P——分析项目的危险性系数；

K——分析项目发生事故的概率系数。

危险、有害因素的危险性系数、发生事故的概率系数、危险度等级划分值见表3-13~表3-15。

表 3-13 分析项目的危险性系数表

序号	危险性系数（P）	可能导致的后果
1	1	不会造成人员伤亡及系统损坏
2	2	处于事故的边缘状态，暂时还不至于造成人员伤亡、系统损坏，但应予以排除或采取控制措施
3	4	会造成人员伤亡、财产损失或系统损坏，要立即采取防范对策措施
4	8	会造成重大伤亡及系统严重破坏的灾难性事故，必须予以果断排除并进行重点防范

表 3-14 发生事故的概率系数表

序号	概率系数（K）	发生概率
1	<0.05	发生概率极小，几乎不发生
2	0.05~0.10	很少发生
3	0.10~0.20	容易或偶然发生
4	0.20~0.30	很容易发生，相当可能发生
5	0.30~0.35	频繁发生、经常发生

表 3-15　危险、有害因素危险度等级表

级别	危险度	危险度等级系数（W）
Ⅰ	安全的	$1 \leqslant W < 1.5$
Ⅱ	临界的	$1.5 \leqslant W < 3.0$
Ⅲ	危险的	$3 \leqslant W < 6.0$
Ⅳ	灾难性的	$6 \leqslant W \leqslant 8$

（2）下面以冀中能源集团某矿为例，对使用危险度分析法做一介绍：

1）矿井概况。冀中能源集团某矿为煤与瓦斯突出矿井，通风方式为中央并列式，通风方法为抽出式，现有四个入风井和一个回风井；矿井开拓方式为立井、暗斜井、多水平、分盘区开拓，工作面采用后退式，走向长壁式采煤法；矿井主采煤层为 2 号、4 号，且均具有煤尘爆炸性；矿井水文地质条件复杂；煤层为三类不易自燃；没有冲击地压。

2）重大危险源基本情况。根据国家标准《重大危险源辨识》（GB 18218—2009），井工煤矿重大危险源是指符合下列条件之一的矿井：高瓦斯矿井；煤与瓦斯突出矿井；有煤尘爆炸危险的矿井；水文地质条件复杂的矿井；煤层自燃发火期不大于 6 个月的矿井；煤层冲击倾向为中等及其以上的矿井。

该矿为高瓦斯、煤与瓦斯突出、煤尘有爆炸性、水文地质条件复杂矿井。所以说，该矿井为重大危险源。6 条标准中，该矿占了 4 条，其危险程度应当引起重视。下面对这 4 种危害分别进行评估。

①瓦斯爆炸的危险度分析。

a. 分析项目的危险性等级系数和发生事故的概率见表 3-16。

表 3-16　分析项目的危险性系数和发生事故的概率系数表

序号	危险因素	可能后果	危险性系数	事故概率
1	瓦斯浓度超限	瓦斯爆炸	8	0.3
2	违章爆破	瓦斯爆炸	8	0.3
3	电气火花	瓦斯爆炸	8	0.3
4	明火	瓦斯爆炸	8	0.3

b. 危险度计算。

$$
\begin{aligned}
W &= \sum(P \cdot K)/\sum K \\
&= (8 \times 0.3 + 8 \times 0.3 + 8 \times 0.3 + 8 \times 0.3)/(0.3 + 0.3 + 0.3 + 0.3) \\
&= 8
\end{aligned}
$$

式中　W——危险等级系数；

P——分析项目的危险性系数，会造成重大伤亡，取值 8、8、8、8；

K——分析项目发生事故的概率系数，属可能发生，取值 0.3、0.3、0.3、0.3。

从计算结果来看，矿井瓦斯爆炸危险等级值为 8，属灾难性的，应针对存在的危险性，采取相应的控制措施，降低其风险。

②煤与瓦斯突出的危害程度分析。

a. 分析项目的危险性等级系数和发生事故的概率见表 3-17。

表 3-17　分析项目的危险性等级系数和发生事故的概率表

序号	危险因素	可能后果	危险性系数	事故概率
1	瓦斯突出	瓦斯爆炸	8	0.3
2	瓦斯突出	瓦斯燃烧	8	0.3
3	瓦斯突出	瓦斯窒息	8	0.3
4	瓦斯突出	煤流埋人	8	0.3

b. 危险度计算。

$$W = \sum(P \cdot K)/\sum K$$
$$= (8\times0.3+8\times0.3+8\times0.3+8\times0.3)/(0.3+0.3+0.3+0.3)$$
$$= 8$$

式中　W——危险度值；

P——分析项目的危险性系数，会造成重大伤亡，取值 8、8、8、8；

K——分析项目发生事故的概率系数，属可能发生，取值 0.3、0.3、0.3、0.3。

从计算结果来看，矿井瓦斯突出危险度值为 8，属灾难性的，应针对存在的危险性，采取相应的控制措施，降低其风险。

③煤尘爆炸危险度分析。

a. 分析项目的危险性等级系数和发生事故的概率见表 3-18。

表 3-18　分析项目的危险性等级系数和发生事故的概率表

序号	危险来源（位置）	可能后果	危险性系数	事故概率
1	采掘工作面	煤尘爆炸	8	0.2
2	运输转载点及主要运输巷	煤尘爆炸	8	0.2
3	各种明火（电、炮、摩擦、撞击、其他）	煤尘爆炸	8	0.2
4	瓦斯爆炸	煤尘爆炸	8	0.2

b. 危险度计算。

$$W = \sum(P \cdot K)/\sum K$$
$$= (8\times0.2+8\times0.2+8\times0.2+8\times0.2)/(0.2+0.2+0.2+0.2)$$

$= 8.0$

式中　W——危险度值；

P——分析项目的危险性系数，属危险的取值 8；

K——分析项目发生事故的概率系数，属偶然发生，取值 0.2、0.2、0.2、0.2。

从计算结果来看，矿井煤尘爆炸危险度值为 8，属灾难性的，应针对存在的危险性，采取相应的控制措施，降低其风险。

④水灾危险度分析。

a. 分析项目的危险性等级系数和发生事故的概率见表 3-19。

表 3-19　分析项目的危险性等级系数和发生事故的概率表

序号	危险来源（位置）	可能后果	危险性系数	事故概率
1	地表水	透水事故	4	0.2
2	含水层水	严重透水	8	0.3
3	小煤窑水	透水事故，瓦斯超限，气体中毒	8	0.3
4	相邻矿井水	邻矿透水危及我矿	8	0.3
5	老空水	透水事故，瓦斯超限，气体中毒	8	0.3
6	导水断层、陷落柱、封闭不良钻孔	透水事故，瓦斯超限，气体中毒	4	0.2

b. 危险度计算：

$$\begin{aligned} W &= \sum(P \cdot K)/\sum K \\ &= (4\times0.2+8\times0.3+8\times0.3+8\times0.3+8\times0.3+4\times0.2)/ \\ &\quad (0.2+0.3+0.3+0.3+0.3+0.2) \\ &= 7 \end{aligned}$$

式中　W——危险度值；

P——分析项目的危险性系数，会造成重大损失，取值 8、4；

K——分析项目发生事故的概率系数，属容易和很容易，取值 0.2、0.3。

从计算结果来看，矿井水灾危险度值为 7，属灾难性的，应针对存在的危险性，采取相应的控制措施，降低其风险。

3）重大危险源等级划分。根据《生产安全事故报告和调查处理条例》（国务院令［2007］493 号）和《关于规范重大危险源监督与管理工作的通知》（安监总协调字［2005］125 号）划分。

①一级重大危险源：可能造成特别重大事故的（是指一次造成 30 人以上死亡，或者 100 人以上重伤，或者 1 亿元以上直接经济损失的事故）。

②二级重大危险源：可能造成特大事故的（是指一次造成 10 人以上 30 人以下死亡，或者 50 人以上 100 人以下重伤，或者 5000 万元以上 1 亿元以下直接经

济损失的事故)。

③三级重大危险源：可能造成重大事故的（是指一次造成3人以上10人以下死亡，或者10人以上50人以下重伤，或者1000万元以上5000万元以下直接经济损失的事故)。

④四级重大危险源：可能造成一般事故的（是指一次造成3人以下死亡，或者3人以上10人以下重伤，或者300万元以上1000万元以下直接经济损失的事故)。

通过前述的危险度分析，各重大危险因素的危险度为：瓦斯爆炸 $W=8$；瓦斯突出 $W=8$；煤尘爆炸 $W=8$；水灾危害 $W=7$。

以上4种危害，任意一种发生，都将导致灾难性的后果，评估认为该矿为一级重大危险源。

4）通过分析得到的结论。

①通过对矿井重大危险源进行分析，找出危险、有害因素产生的原因及可能导致的后果，才能从根本上提出消除和减弱危险、有害因素的措施和建议。

②预先危险度分析法是矿井安全评价常用的方法之一，通过对危险、有害因素等级建立数学模型，从而给出矿井危险、有害因素危险度的量化值，定量化程度较高。

③应用预先危险度分析法必须对危险、有害因素的存在场所、激发条件和作用规律有一个深刻的认识，才能保证危险性系数和发生事故的概率系数取值准确，只有上述两个系数准确取值，才能保证矿井重大危险源等级划分合理。

④通过对矿井重大危险源等级进行划分，及时有效地对矿井重大危险源进行监督管理，是防止和减少生产安全事故，打造本质安全型矿井的有效手段。

3.4.3.2 危险性预先分析法在煤矿上行开采安全预评价中的应用

近几年我国煤炭行业提出了煤矿生产本质安全的概念，而要实现煤矿生产的本质安全就必须消除煤矿生产过程中的危险性因素，因此首先要对煤矿生产过程中的危险性因素进行分析。

上行开采作为一种逆正常开采顺序的特殊开采方法，其定义是：开采煤层（群）时，先采下煤层（分层或煤组)，后采上煤层（分层或煤组)，称为上行式开采。上行开采包括2个时期，下煤层的开采时期和上煤层的开采时期。

因此，2个时期的生产都会伴随着许多危险性因素，其中既有相同的，也有不同的，尤其上煤层开采时期是在第一时期结束之后进行的，煤层及其围岩已经发生过变形，此时再进行煤层（分层或煤组）开采将伴随着一些上行开采特有的危险因素，因而，在进行上行开采之前有必要进行上行开采的危险性因素分析。为了体现针对性，这里的危险性因素特指与上行开采密切相关的特有的危险性因素。

（1）上行开采危险性因素的定义和分类。危险因素是指能对人造成伤亡、对物造成突发性损害，以及对上行开采方式造成重要影响的因素。可将与上行开采密切相关的或上行开采所特有的危险性因素，分为如下3类：

1）下煤层采动裂隙造成的危险性因素，包括水、瓦斯、流沙和火等。

2）上覆岩层变形造成的危险性因素，包括应力的增高等。

3）上煤层围岩破碎造成的危险性因素，包括巷道和采场顶板破碎等。

以上3类危险性因素由于各自的特点所危害的时期有所不同，第一类危险性因素主要危害上行开采的第一时期，同时对第二时期的生产也有相当大的危害，尤其是“火”和“瓦斯”2种危险性因素对第二时期具有较大的危害；第二、三类危险性因素主要危害上行开采的第二时期生产。

（2）上行开采危险性因素分析方法的选择与步骤：

1）危险性预先分析方法的选择。

危险性分析有定性和定量2种类型。定性分析是找出系统存在哪些危险因素，分析危险在什么情况下能发生事故及对系统安全影响的大小，提出针对性的安全措施控制危险。它不考虑各种危险因素发生的数量。定量分析是在定性分析的基础上，进一步研究事故或故障与其影响因素之间的数量关系，以数量大小评定系统的安全可靠性。定量危险性分析也就是对系统进行安全性评价，现以定性分析为主。

危险性预先分析方法适用范围广，凡能对系统造成影响的人、物、环境中潜在的危险有害因素都可用于识别和分析。该方法简便，容易掌握和操作，既要找出危险因素出现的条件，也要分析危险转变为事故的原因，然后提出安全措施，可使措施具有考虑全面、针对性强等优点。因此，它是减少和预防事故，实现系统安全的有效手段。

2）危险性预先分析步骤：

①熟悉系统。在进行危险性分析前，须首先对系统的生产目的、工艺流程、操作条件、设备结构、环境状况，以及同类装置或设备发生事故的资料，进行广泛地搜集并熟悉和掌握。

②识别危险。识别危险就是找出系统存在的各种潜在危险因素。在危险性识别时，对能造成人员伤亡、财产损失和系统影响的各方面因素都要找出来，包括环境、人、生产设备等因素。

③分析触发事件。触发事件亦即危险因素显现的条件事件。已知哪里潜有危险因素尚未发生事故时，只有在一定条件下显现出来才有可能导致破坏后果。例如瓦斯具有燃烧爆炸的潜在危险性，但如不进行煤层开采，不与空气接触是不会发生火灾爆炸事故，只有与空气接触并形成爆炸性混合物，才有可能引起火灾爆

炸。瓦斯涌出并与空气接触形成可爆炸性混合物的原因就是触发事件。

④找出形成事故的原因事件。危险因素出现以后要发展为事故还需要一定的条件，这就是事故的原因事件。

⑤确定事故情况和后果。危险因素查出后，导致何种事故，造成的破坏后果如何，需进行推测。

⑥划分危险因素的危险等级。系统或子系统查出的危险因素可能有很多，为使采取安全措施时有轻重缓急、先后次序，对这些危险因素按造成后果的严重程度划分成4级，划分的原则见表3-13。

⑦制定安全措施。针对危险因素出现条件及形成事故的原因，制定相应的安全措施。

（3）为了分析方便，将整个上行开采过程视为1个系统，2个生产时期视为2个子系统（下煤层生产为子系统1，上煤层生产为子系统2），分别对2个子系统进行危险性预先分析，见表3-20、表3-21。

表3-20　上行开采危险性因素危险性预先分析表——子系统1

危险危害因素	触发事件	现象	形成事故原因事件	事故模式	事故后果	危险等级	措施
上覆岩层纵向裂隙、上煤层自燃、瓦斯和火	下煤层的开采在上覆岩层内产生了纵向裂隙，形成了空气流动通道；煤层瓦斯大量释放	上煤层自燃；瓦斯监测仪器报警；工作面导通断裂带部位有明火并以火团方式掉落至下煤层工作面	下部空气在纵向裂隙的导通作用下与上煤层接触；上部煤层达到自然发火期；瓦斯达到极限浓度	可能在下煤层工作面引起火灾或爆炸	财产损失、人员伤亡、停产、造成严重经济损失	Ⅳ	下煤层改用分层开采，以便控制纵向裂隙发育的高度；加强采顶板的监控和维护；加强瓦斯监测
上覆岩层纵向裂隙、含水层的水	由于下煤层的开采而在上覆岩层内产生了纵向裂隙，形成了上部顶板水的流动通道	下煤层顶板大量涌水	由于下煤层开采而在上覆岩层内形成的裂隙贯穿上部含水层，含水层的水沿着这种纵向裂隙向下流动；正常的排水系统排水能力相对不足	可能造成工作面大量积水甚至淹没工作面；巷道和工作面顶底板受浸而冒顶	财产损失、生产受到影响、造成经济损失	Ⅱ	提高排水系统综合排水能力；加强水情监测，并备好排水设备；及时分析采场应力分布状况

表 3-21　上行开采危险性因素危险性预先分析表——子系统 2

危险危害因素	触发事件	现象	形成事故原因事件	事故模式	事故后果	危险等级	措施
上煤层及其围岩变形导致的应力增高	下煤层的开采使其上覆岩层变形	巷道围岩变形严重	巷道布置在由于下煤层中存在保护煤柱而造成的应力增高区	可能造成巷道功能降低或功能失效	通风和运输受阻、生产受影响、造成经济损失	Ⅲ	避开应力增高区，将上煤层巷道相对于下煤层巷道作内错布置
上覆岩层活动导致的破碎带和断裂带	下煤层的开采使其上覆岩层变形破坏	上煤层围岩破碎；顶板经常冒落	下煤层开采在上煤层及其围岩内造成的横向和纵向变形导致的煤层及其围岩局部破碎	可能造成巷道顶板冒落；工作面大量矸石垮落，埋压液压支架	财产损失、人员伤亡、造成经济损失	Ⅱ	掌握破碎带和断裂带情况；严格顶板安全检查制度、加强支护质量管理和改进支护措施；工作面选用有伸缩梁的液压支架；带压移架或擦顶移架；铺设顶网

(4) 通过危险性预先分析可知，上行开采采煤方法存在着火灾、爆炸、大量涌水、巷道围岩变形、冒顶等危险和危害，但主要危险为火灾、爆炸，其危险等级为Ⅳ级（破坏性的）。引发火灾、爆炸的主要因素是下煤层开采在上覆岩层内形成的纵向裂隙，形成了空气在上下煤层之间流动的通道，导通了上部具有自燃倾向的上煤层，上煤层自燃产生的明火通过纵向裂隙以火团的方式掉落至下煤层工作面，并在下煤层工作面形成火灾和爆炸危险。

3.5　专家评议法

专家评议法是出现较早且应用较广的一种评价方法。它是专家根据事物过去、现在和将来发展趋势，进行积极的创造思维活动，对事物的未来进行分析、预测的方法。

专家评议法一般分为以下 4 个步骤：

（1）确定分析、预测的问题。

（2）组成专家评议分析、预测小组，小组成员应由预测专家、专业领域的专家、推断思维能力强的演绎专家及专业领域的高级技术专家等组成。

（3）举行专家会议，对所提出的问题进行分析、预测。

（4）分析、归纳出专家会议的结果。

对于安全评价而言，专家评议法简单易行，比较客观，所邀请的评价人员由于是在专业理论上造诣较深、实践上经验丰富的专家，因此得出的结论一般比较全面、正确。特别是专家质疑过程是从正反两方面进行的，讨论的问题比较深入、全面、透彻，所形成的评价结论更科学合理。

专家评议法适合于类比工程、系统、装置的安全评价，它可以充分发挥专家丰富的实践经验和理论知识。专家评议法对专项安全评价十分有用，可以将问题研究讨论得更深入、更详细、更透彻，从而得出具体执行意见和结论，以便于进行科学决策。

3.6 工程类比法

3.6.1 概述

工程类比法是运用类比推理形式进行论证的一种方法，在矿山安全预评价中广泛应用。在进行某一拟建工程项目预评价时，评价人员往往会很自然地参照以往类似工程的运行状况或设计缺陷来评价拟建项目的安全性。同时《安全预评价导则》也建议采用工程类比法进行预评价。

类比法是一种概念上的、定性的方法，逻辑上是从特殊到特殊，没有严格的推理体系，因而对于不同的工程，类比法也相差极大。另外，用来进行类比的因素也各不相同，要给出这一方法的准确定义和操作过程是很困难的，但该方法在工程实践中确实又是很有用的。类比工程的选择依据为：

（1）井田位置。同一区域、相邻的矿井由于其开采煤层所处的层位相同，因而其所受的危险、有害因素具有一定的相似性和类比性。

（2）生产条件。矿井生产条件包括煤层地质生产条件、水文地质条件、瓦斯等级、煤尘爆炸性、煤层自燃倾向性、地温、煤与瓦斯突出、冲击地压、开拓方式、通风方式、矿井的生产规模、采掘方法、支护方式、矿井生产机械化程度等，因而其所受的危险、有害因素具有一定的相似性和类比性。

3.6.2 应用实例

（1）类比工程相似性。建设工程与类比工程的相似性对比如表 3-22 所示。

表 3-22　建设工程与类比工程相似性比较表

序号	安全条件及开采技术条件	建设工程（A 煤矿）	类比工程（B 煤矿）
1	生产能力/万吨 · 年$^{-1}$	30	22
2	开拓方式	斜井	斜井
3	瓦斯	高瓦斯	高瓦斯
4	煤尘爆炸性	无爆炸性	无爆炸性
5	煤层自燃倾向性	II 类	II 类
6	地温	地温无异常	地温无异常
7	煤系地层	龙潭组	龙潭组
8	水文地质	中等	中等
9	构造条件	单斜构造	单斜构造
10	放射性危害	无放射性危害	无放射性危害
11	冲击地压	无冲击地压	无冲击地压
12	采煤方法	倾斜壁式	倾斜壁式
13	通风方式	抽出式	抽出式
14	可采煤层	7 层	3 层
15	煤层倾角	平均 10°	10°
16	煤层顶底板	顶板粉砂岩和泥质粉砂岩，底板为粉砂岩和泥质粉砂岩	顶板为粉砂岩和细砂岩，底板为页岩和黏土岩
17	采煤工艺	炮采	炮采
18	矿井运输及提升方式	刮板输送机、皮带及绞车	刮板输送机、皮带及绞车
19	正常矿井涌水量/m^3 · h^{-1}	20	15

（2）类比工程数据资料的适用性研究。通过对类比工程数据资料与评价对象数据资料类比，可以发现它们在开采技术条件方面有许多相似性。进一步分析类比工程（煤矿）存在的主要危险、有害因素，可以推测出本项目存在主要危险、有害因素的相似性（见表 3-23），进而采取相应的安全技术措施，最大限度地防止各类安全事故的发生，确保本矿井安全生产。

表 3-23　工程危害因素比较

主要危险、有害因素存在场所	类比工程（B 矿）	建设工程（A 矿）	主要危险、有害因素的相似性
采煤工作面上隅角、采空区、掘进工作面、盲巷、巷道顶部、硐室等	高瓦斯	高瓦斯	瓦斯防治是所有灾害防治的重点。瓦斯矿井要特别克服麻痹思想，加强通风管理，防止瓦斯积聚产生事故

续表 3-23

主要危险、有害因素存在场所	类比工程（B矿）	建设工程（A矿）	主要危险、有害因素的相似性
采煤工作面及进回风巷、掘进工作面	无爆炸危险性	无爆炸危险性	加强煤尘防治管理，定期洒水降尘，防止因瓦斯爆炸引起的煤尘爆炸事故
采煤工作面及其他巷道、掘进工作面	顶板粉砂岩及泥质粉砂岩	顶板粉砂岩及细砂岩	确定合理的支护方式，加强顶、底板管理，预防顶板事故
接近含水断层、接近采空区、老窑和边界煤柱	正常涌水量 $15m^3/h$	正常涌水量 $20m^3/h$	加强水灾防治，坚持有疑必探，先探后掘的原则，预防水灾事故
采煤工作面采空区、巷道冒空处（内因）	Ⅱ类自燃	Ⅱ类自燃	加强采空区、盲巷的处理，预防火灾事故
掘进巷道，揭石门及过地质构造带	未有突出记录	未有突出记录	该区域为突出危险区，未有突出记录并不保证无突出的可能，因此揭石门、过地质破碎带时必须采取防突措施，预防突出事故

3.7 危险指数评价法

3.7.1 方法概述

1964年美国道（DOW）化学公司根据化工生产的特点，首先开发出“火灾、爆炸危险指数评价法”，用于对化工生产装置进行安全性评价。该方法经过多次修订，不断完善。它是根据以往的事故统计资料、物质的能量和现行的安全防护措施的状况为依据，以单元重要危险物质在标准状态下的火灾、爆炸或释放出危险性潜在能量大小为基础，同时考虑工艺过程的危险性，计算单元火灾、爆炸指数，确定危险等级。还对特定物质、一般工艺及特定工艺的危险修正系数，求出火灾爆炸指数。定量地对工艺过程、生产装置及所含物料的实际潜在火灾、爆炸和反应性危险逐步推算，进行客观的评价。再根据指数的大小分成几个等级，按等级的要求及火灾爆炸危险的分组采取相应的安全措施。由于该评价方法切合实际、科学合理，并提供了火灾、爆炸总体的关键数据，因此，已经被世界化学工业及石油化学工业公认为最主要的危险指数评价法。

（1）评价步骤：

1）该方法以工艺过程中的物质、设备等数量为基础，另外加上一般或特殊工艺的危险修正系数，求出火灾爆炸系数，然后通过逐步推算，得出最大可能财产损失和停业损失。

2）工艺单元的划分。评价单元就是在危险、有害因素分析的基础上，根据评价目标和评价方法的需要，将系统分成用于有限的、确定范围的部分。工艺单元是指工艺装置的任一主要单元。

显然，多数工厂都是有多个工艺单元组成，但在计算工厂的火灾、爆炸指数时，只选择那些从损失预防角度来看对工艺有影响的工艺单元进行评价，这些单元称为恰当工艺单元，简称工艺单元。

选择恰当工艺单元的重要参数包括：

①物质的潜在化学能（物质系数）；

②工艺单元中危险物质的数量；

③资金密度（元/米^2）；

④操作压力与操作温度；

⑤导致火灾、爆炸事故的历史资料；

⑥对装置操作起关键作用的设备。

一般情况下，这些参数的数值越大，则该工艺单元就越需要评价。工艺区域或工艺区附近的个别设备、关键设备或单机设备一旦遭受破坏，就可能导致停产数日，甚至极小的火灾、爆炸，都可能导致停产而造成巨大的经济损失。因此，这些关键的设备所能导致的损失也是选择恰当工艺单元的一个重要因素。

3）确定物质系数。物质系数 *MF* 是表述物质由燃烧或其他化学反应引起的火灾、爆炸过程中所释放能量大小的内在特性，是一最基础的数值。物质系数是由美国消防协会规定的 *NF* 和 *NR*（分别代表物质的燃烧性和化学活泼性或不稳定性）决定的。通常，*NF* 和 *NR* 是针对正常环境温度而言的。但物质发生燃烧和反应的危险性随温度上升而急剧增大。反应速率也随温度上升而急剧增大，所以当物质的温度超过 60℃时，物质系数就要进行修正。

4）确定工艺单元危险系数。工艺单元危险系数 *F*3 包括一般工艺危险系数 *F*1 和特殊工艺危险系数 *F*2。构成工艺危险系数的每一项都可能引起火灾或爆炸事故的扩大或升级。

计算工艺单元危险系数（*F*3）中的各项系数时，应该选择物质在工艺单元中所处的最危险状态。可以考虑的操作状态有开车、连续操作和停车。应该防止对过程中的危险进行重复计算，因为在确定物质系数时已经选取了单元中最危险的物质，并据此进行火灾、爆炸分析，即已考虑到实际上可能发生的最坏状况。

计算 *F&EI* 时，如果 *MF* 是按照工艺单元中的易燃液体来确定的，就不要选择与可燃性粉尘有关的系数，即使粉尘可能存在于过程的另一段时间内。合理的计算方法为：先用易燃性液体的物质系数进行评价，然后再用可燃性粉尘的物质系数进行评价。

但混合物是个例外。如果某种混杂在一起的混合物被作为最危险物质的代表，则计算工艺单元危险系数时，可燃粉尘和易燃蒸气的系数都要考虑。注意：

一次只分析一种危险，使分析结果与特定的最危险状况相对应，始终把焦点放在工艺单元和选出进行分析的物质系数上，而且只有恰当地对每一项系数进行评估，其最终结果才是有效的。

(2) 适用范围。该方法是指数评价法的一种，指数的采用使得系统结构复杂、用概率难以表述其危险性单元的评价有了一个可行的方法。指数的采用，避免了事故概率及其后果难以确定的困难。评价指数值同时含有事故频率和事故后果两个方面的因数。但该评价方法的缺点是：评价模型对系统安全保障体系的功能重视不够，特别是危险物质和安全保障体系间的相互作用关系未予考虑；各因素之间均以相乘或相加的方式处理，忽视了各因素之间重要性的差别；评价自开始起就用指标给出，使得评价后期对系统的安全改进工作较困难；指标值的确定只和指标的设置与否有关，而与指标因素的客观状态无关，致使危险物质的种类、含量、空间布置相似而实际安全水平相差较远的系统，其评价结果相似，导致该方法的灵活性和敏感性较差。

3.7.2 危险指数评价方法

3.7.2.1 矿井火灾影响因素分析

在巷道、硐室等狭小空间发生的火灾，燃烧产生的烟流在狭小空间内运动，运动过程受通风系统强制通风或自然通风的作用，火区下风侧的人员都处于被烟流污染或可能被烟流污染的危险区，因此，烟流、热能和有毒有害气体的危害更大，见图 3-24。

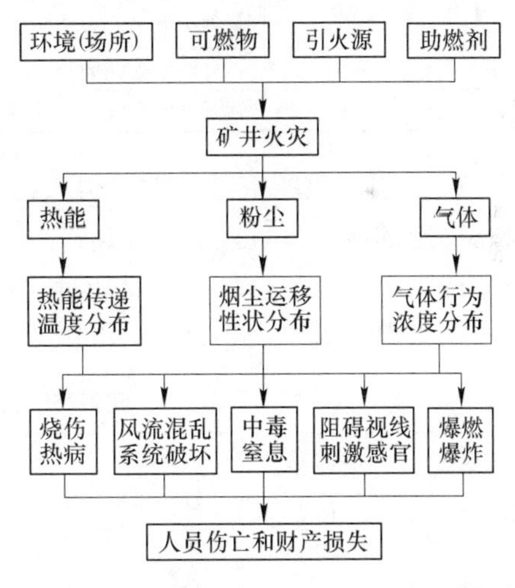

图 3-24 矿井火灾影响因素及其危害

燃烧必须具备三要素，即可燃物、引火源和助燃剂。但并不是具备了燃烧三要素就能发生火灾，可燃物、引火源和助燃剂在适当的环境（场所）中才能发生火灾。因此，影响矿井内某地点火灾的因素可以概括为：可燃物、引火源、助燃剂和环境（场所）。矿井内的可燃物主要有煤炭、电缆、胶带、油料、木材、编织物、炸药、煤尘、瓦斯等。引火源可能是电气系统短路热源或火花、静电火花、摩擦热源或火花、人工热源等。矿井内的助燃剂一般为氧气。矿井火灾与地面火灾不同，维持矿井火灾长时间燃烧的助燃剂（氧气）必须由自然通风或强制通风供给。容易发生火灾的场所有开采工作面、采区巷道、机电硐室、变电所、存在动力电缆的井巷、采空区等。

3.7.2.2　火灾可能性评价指标

具有一定能量的引火源、可供火灾继续的可燃物、可供火灾继续的助燃剂和适当的环境（场所）是矿井内某地点发生火灾的4个基本因素。由于情况不同，火灾发生的可能性差别很大。如对于容易自然发火的煤层，如果环境（场所）易于积聚热量和供给氧气，就容易发生自燃火灾。但对于不易自燃的煤层，即使环境（场所）容易积聚热量且氧气供给充足，也不易发生火灾。因此，可以建立矿井内某地点火灾4个影响因素的评价标准，确定一定的分值，给出该地点的火灾可能性。

（1）可燃物燃烧可能性。可燃物燃烧可能性表示可燃物燃烧的难易程度，它与可燃物的性质、状态、存放形式等有关。对于矿井内的可燃物，提出表3-24所示的燃烧可能性分值及其说明。

表3-24　可燃物燃烧可能性

可能性	参考分值 K	说　明
非常容易	10	自然发火期小于1个月的煤（岩）层、轻油，被油污染的纺织品，被油污染的木材，被油污染的煤炭等
容易	5	自然发火期在1~6个月的煤（岩）层，重油，被油污染的塑料制品，可燃胶带、电缆、棉纺织品、木材、煤炭等
不容易	1	自然发火期大于6个月的煤（岩）层，难燃胶带、难燃电缆、塑料制品等
极不容易	0.1	无自然发火危险性的煤（岩）层，不燃材料等

（2）引火源产生可能性。引火源是指能够引起火灾的热能。引起火灾必须具备一定的能量，且该能量要持续一定的时间。引火源产生可能性取决于其产生概率的大小以及是否具备一定能量、持续一定时间能够点燃可燃物。对于矿井火灾的引火源，提出表3-25所示的产生可能性分值及其说明。

表3-25　引火源产生可能性

可能性	参考分值 Y	说　明
非常容易	10	经常可以产生足够引起燃烧的明火或火花，如电焊作业、明火作业、电机车架线附近等
容易	5	在故障情况下可以产生足够引起燃烧的明火或火花，如电缆、胶带输送机的主滚筒，煤炭容易发火的采空区等
不容易	1	在保护失效情况下可以产生足够引起燃烧的明火或火花，如防爆电气设备及其周围、液压联轴节及其周围等
极不容易	0.1	难以产生足以引起燃烧的明火或火花，或没有发生过火灾，但有产生引火源的能量，如高空顶的非煤采空区

（3）助燃剂存在可能性。矿井内的助燃剂一般为氧气，氧气的存在是发生火灾并能够持续燃烧的基本条件。由于矿井一般采取机械通风，因此，矿井火灾

助燃剂存在可能性与通风方式、风量、风速、风流中的氧气浓度以及控制风流的难易程度等有关。按照矿井通风状态和控制风流的难易程度，给出矿井火灾助燃剂存在可能性分值及其说明，见表 3-26。

表 3-26 助燃剂存在可能性

可能性	参考分值 Z	说　明
非常容易	10	大量存在、无法控制，即有足够氧气供给且无法控制
容易	5	大量存在、可以控制，即有足够的氧气供给，在需要控制时可以采取手段加以控制，但控制措施的实施较困难
不容易	1	基本可以控制存在，即氧气量多少基本可以控制，但控制措施受到一定的限制
极不容易	0.1	完全可以控制存在，即氧气量多少完全能够控制

（4）环境（场所）火灾易发性。环境（场所）火灾易发性表明矿井内某地点是否容易发生火灾。该参数的大小取决于环境是否容易积聚热能，是否能够对可燃物性质、状态、存放状态有影响，是否能够有连续的氧气供给，是否容易使局部燃烧发展成火灾等。对于矿井内的环境（场所），提出表 3-27 所示的火灾易发性分值及其说明。

表 3-27 环境或场所火灾易发性

易发性	参考分值 H	说　明
非常容易	10	热量特别容易积聚的可以自然发火的环境；经常使用明火、大量可燃物存在且风流无法控制的井巷、硐室等
容易	5	热量容易积聚的可以自然发火的环境；经常使用明火、大量可燃物存在，但风流控制措施实施困难的井巷、硐室等
不容易	1	热量不容易积聚的可以自然发火的环境；有时使用明火或有时产生火花，有可燃物存在且容易实施风流控制的环境等
极不容易	0.1	热量极难积聚的可以自然发火的环境；没有明火或极难产生火花的有可燃物存在的环境；矿井风流可以任意控制的环境等

（5）矿井火灾可能性。假设井巷 i 中地点 j 的火灾 4 个影响因素是相互独立的，且它们对火灾可能性的影响相同，则地点 j 的火灾可能性 F_{ij} 可用 4 个影响因素的乘积给出

$$F_{ij} = K_{ij} Y_{ij} Z_{ij} H_{ij} \tag{3-10}$$

式中，K_{ij}、Y_{ij}、Z_{ij}、H_{ij}分别为井巷 i 中地点 j 的可燃物燃烧可能性、引火源产生可能性、助燃剂存在可能性、环境（场所）火灾易发性分值。

一个地点火灾可能性分值的取值范围为 0.0001～10000。为了评价需要，根据可能性分值将火灾可能性分为 6 个等级，见表 3-28。

按照分级条件，可以通过大量事故案例统计分析给出不同级别的火灾发生频

率，建立起某类地点火灾可能性 F 与火灾发生频率 P 的对应关系。在缺乏统计资料的条件下，可以采用表 3-28 的人们公认的频率作为火灾发生频率值。

表 3-28 矿井火灾可能性

可能性分值 F	可能性级别	一般人们公认的发生频率 P/次 · a^{-1}
≥2500	非常容易发生	0.1
250~2500	容易发生	0.01
100~250	偶尔发生	0.001
40~100	不常发生	0.0001
10~40	几乎不发生	0.00001
<10	很难发生	0.000001

3.7.2.3 火灾严重性评价

火灾严重性的评价指标可用火灾造成的人员伤亡和财产损失表示。对于矿井火灾，火灾烟流对人员的危害极大，在人员缺乏必要的防护时，即使火灾烟流的高温不能使井巷及其内部设备损坏，也能造成人员中毒死亡。因此，选取矿井火灾死亡人数作为矿井火灾严重性评价指标。

烟流污染范围是火灾及其被火灾烟流污染的一系列巷道的集合。在烟流污染范围井巷内的人员可能中毒、窒息或被烧伤。将被火灾烟流污染，或可能被污染、且污染烟流浓度大于等于人员致死浓度，或污染烟流温度大于等于烟流致死温度的井巷定义为危险井巷。假定由于发生火灾，在危险井巷内的人员全部死亡，则井巷 i 中地点 j 发生火灾的死亡人数 D_{ij} 为

$$D_{ij} = \sum_{k=1}^{K} d_{ijk} \tag{3-11}$$

式中，d_{ijk} 为井巷 i 中地点 j 发生火灾时第 k 条危险井巷内的人数；K 为井巷 i 中地点 j 发生火灾时的危险井巷数。

3.7.2.4 矿井火灾风险指数

火灾风险是火灾可能性与火灾严重性的结合。井巷 i 中地点 j 的火灾风险指数 R_{ij}（人 · 次/a）用火灾频率 P_{ij}（次/a）与火灾死亡人数 D_{ij} 的乘积给出

$$R_{ij} = P_{ij}D_{ij} = P_{ij}\Big(\sum_{k=1}^{K} d_{ijk}\Big) \tag{3-12}$$

井巷 i 中有 M_i 个火灾地点时，该井巷的火灾风险指数 R_i（人 · 次/a）为

$$R_i = \sum_{j=1}^{M_i} R_{ij} = \sum_{j=1}^{M_i}\Big[P_{ij}\Big(\sum_{k=1}^{K} d_{ijk}\Big)\Big] \tag{3-13}$$

矿井内有 N 条火灾井巷时，矿井火灾风险指数 R（人 · 次/a）为

$$R = \sum_{i=1}^{N} R_i = \sum_{i=1}^{N}\Big\{\sum_{j=1}^{M_i}\Big[P_{ij}\Big(\sum_{k=1}^{K} d_{ijk}\Big)\Big]\Big\} \tag{3-14}$$

3.7.3 应用实例

（1）矿井火灾风险评价过程。对于复杂的矿井通风系统，为了确定火灾时期的危险井巷，一般需要进行通风网络解算。矿井火灾风险评价借助计算机完成，解算程序框图见图 3-25。

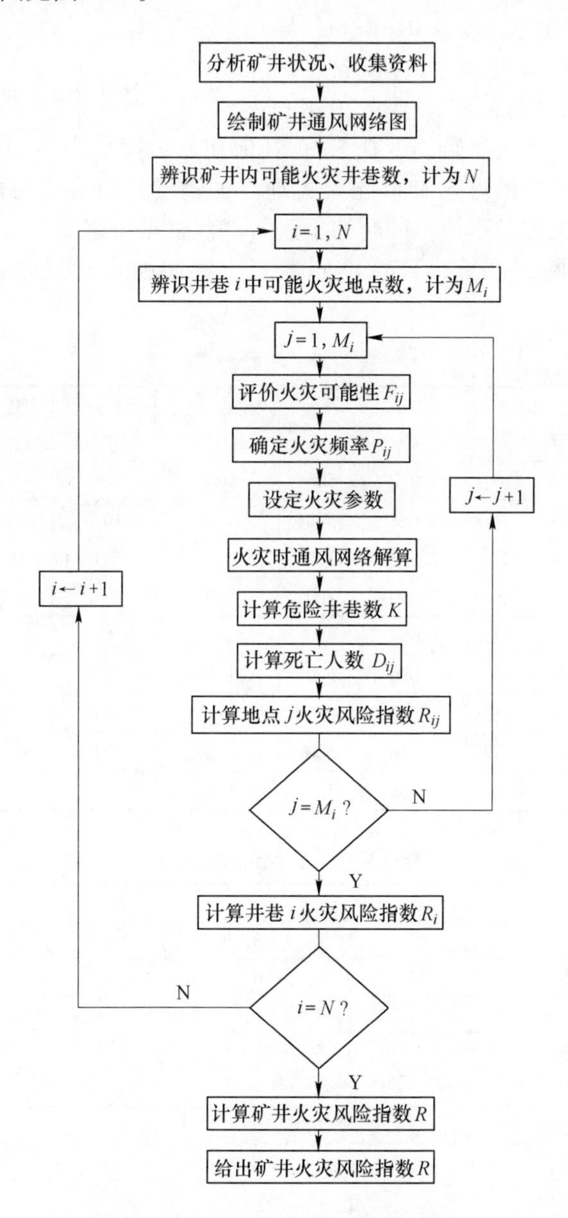

图 3-25 矿井火灾风险评价程序框图

(2) 计算实例与分析。图 3-26 所示的通风系统，给出的火灾条件为：风机在 2 号分支，风机风量为 379m³/s、255m³/s、543m³/s 时对应的风压分别为 147.2Pa、343.4Pa、490.5Pa；围岩恒温带标高-15m，恒温带温度 288.3K，变温带温度梯度 0.015K/m，导热系数 1.5W/(m · K)；源点为 1 号节点，静压 101396Pa，密度 1.21kg/m³，温度 293K；火源点在巷道入风侧，火区初始长度 0.5m；其他初始数据见表 3-29。根据各井巷中的可燃物、引火源、助燃剂和可能火灾地点的情况评价火灾可能性，并根据表 3-28 选择对应的火灾频率值，同时列于表 3-29。根据设定的火灾条件，进行火灾时期的矿井通风网络解算，计算不同地点火灾时的火灾风险指数，结果见表 3-30。

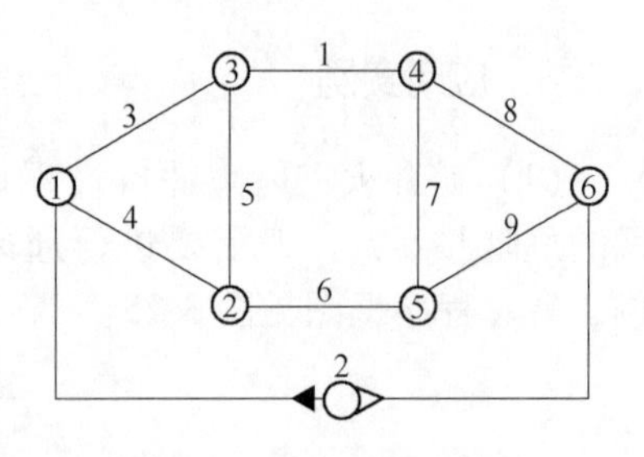

图 3-26　矿井通风网络图

表 3-29　初始数据

分支号	入，回风节点	入，回风标高/m	风阻 /kg · m⁻⁷	长度 /m	内热源热量 /J · s⁻¹	巷道断面积/m²	可能火灾地点数，火灾频率	作业人数 /人
1	3，4	-650，-500	3.077	500	1000	5.0	1，0.001	8
2	6，1	-200，-15	0.688	500	—	10.0	—	5
3	1，3	-15，-650	1.393	700	—	7.0	1，0.0001	3
4	1，2	-15，-700	2.090	700	—	7.0	1，0.0001	3
5	3，2	-650，-700	1.069	200	—	4.0	1，0.001	20
6	2，5	-700，-450	1.030	500	1500	5.0	1，0.001	8
7	4，5	-500，-450	1.540	200	—	4.0	1，0.001	20
8	4，6	-500，-200	4.316	500	1500	7.0	1，0.00001	2
9	5，6	-450，-200	2.266	500	1000	7.0	1，0.00001	2

表 3-30　火灾燃烧状态变化

分支号	火灾时期风流是否反向	危险井巷号	火灾风险指数/人 · 次 · a⁻¹
1	否	1，2，7，8，9	0.037
3	是	1，2，3，4，5，6，7，8，9	0.0071
4	是	1，2，3，4，5，6，7，8，9	0.0071
5	是	1，2，5，6，7，8，9	0.065
6	否	2，6，9	0.015
7	否	2，7，9	0.027
8	否	2，8	0.00007
9	否	2，9	0.00007
合　计			0.15834

计算结果表明，由于在火灾过程中井巷3、4、5的风流在火风压的作用下出现风流方向逆转，因此危险井巷增加，使矿井火灾风险指数增大。在可能发生火灾的8条井巷中，5号井巷的火灾风险指数最大，达到0.065人·次/a，即10a内因火灾造成1人死亡的概率为0.65。矿井火灾风险指数为0.158人·次/a，即1年内发生1次死亡1人的火灾概率达到0.156，风险是较大的，应采取必要的措施降低火灾风险。

3.8 概率风险评价法

3.8.1 方法概述

概率风险评价法代表了安全评价的又一个发展方向，是一种精度较高的定量安全评价方法。它将危险概率值划分为若干等级，作为系统安全评价和制定安全措施的依据，通过对灾害后果的估计，来综合反映系统的危害程度，并同既定的目标值相比较，判断其是否达到预期的安全要求。用公式可表示为：

$$D = P \cdot C \tag{3-15}$$

式中 D——系统的危险性；

P——事故发生的概率；

C——损失程度。

使用概率评价方法的前提是对系统进行完整分析，得到充足、准确的数据，否则使用起来很困难。

3.8.2 应用实例

概率风险评价法可以进行煤矿危险源分类分级，但在煤矿实际生产中，仅仅只有概率还是远远不够的，因为瓦斯危险不仅与超限概率有关，还与瓦斯涌出的强度有很大关系。因此，需要考虑其他因素的影响。

（1）增加对瓦斯涌出强度因素的评价内容。在不同地点、不同时期，瓦斯的涌出强度有很大不同。因此，应该在概率风险评价法公式的基础上加入涌出强度的因素，即根据事件或事故发生的可能性、程度及其可能造成的后果的乘积来衡量风险的大小，这样就会使系统分析更加完整，数据更加充足和准确。

危险源产生风险评价值计算公式如下：

$$D = P \cdot L \cdot C \tag{3-16}$$

式中 P——各个位置发生瓦斯超限的概率；

L——各个位置瓦斯涌出的强度，m^3/t；

C——事故可能造成的损失。

（2）参数赋值标准。使用德尔菲法对瓦斯超限的概率、涌出水平和事故损失值进行分类和赋值，并制定相应标准。瓦斯涌出的水平与事故损失取值分类见表3-31~表3-34。

表 3-31 瓦斯超限的可能性标准

级别	赋值	发生的可能性	内 容	发生频率量化
A	1	不可能	从不发生	1/100 年
B	2	很少	10 年以上发生 1 次	1/10 年
C	3	低可能	5 年内发生 1 次	1/5 年
D	4	可能发生	每年发生 1 次	1/年
E	5	经常发生	每年发生 3~5 次	3/年
F	6	频率发生	每年发生 5 次以上	≥5/年

表 3-32 瓦斯超限水平标准

级别	赋值	涌出水平	内 容	涌出量/$m^3 \cdot t^{-1}$
A	1	无	从不发生	0~0.1
B	2	极少	10 年以上发生 1 次	0.1~0.3
C	3	少量	5 年内发生 1 次	0.3~1.0
D	4	一般	每年发生 1 次	1.0~1.5
E	5	严重	每年发生 3~5 年	1.5~2.0
F	6	非常严重	每年发生 5 次以上	≥2.0

表 3-33 瓦斯涌出量超标危害性标准

级别	赋值	损失（人员或经济损失）	
		人员伤害程度及范围	经济损失估算
A	1	1 人受到轻微伤害	0~2000 元
B	2	1 人受到伤害，需要急救或多人受轻微伤害	2000 元~2 万元
C	3	1 人受到严重伤害	2 万~10 万元
D	4	多人受到严重伤害	10 万~100 万元
E	5	1 人当即死亡	100 万~500 万元
F	6	多人当即死亡	500 万元以上

表 3-34 瓦斯风险级别

级别	名 称	量化标准	危险应对策略
Ⅰ	低风险级	1~18	持续监测
Ⅱ	一般风险级	19~48	重点监测，查明原因
Ⅲ	中等风险级	49~96	加强检测力度，查明原因并加大通风量
Ⅳ	重大风险级	97~143	断电，停止工作，查明原因
Ⅴ	特别重大风险级	144~216	断电，停止工作，查明原因并撤离

（3）参数赋值注意事项。煤矿井下是个异常庞大的立体结构，不同的深度，不同的工作面，瓦斯的分布情况存在很大的差异，而且不同的工作面，其地质构造、开采方式、开采时间等都不一样，所以它们很难在同样的数据平台上进行分析。因此运用参数赋值进行分析时，要特别注意对过去几年中该工作面的几个瓦斯检测数据异常点进行统计，以使数据更加完整、充足、准确，因为随着掘进深度和瓦斯情况的变化，检测点瓦斯数据每年也都会有所变化。参数赋值的程序或步骤：

1）对过去几年中某工作面的几个瓦斯检测异常点数据进行统计。

2）将历年各个现场位置的瓦斯平均值进行统计，得出数据表。

3）使用德尔菲法对现场各个位置的事故损失值进行评估赋值，得到数据。

4）根据以上数据和赋值标准，构建该工作面危险评估计划表。

4 安全评价指标权重分析

4.1 评价指标权重分析

4.1.1 评价指标权重概述

在进行煤矿安全评价过程中，需要解决评价指标的权重问题。权是多个指标在评价中不同重要程度的反映，它取决于三个方面：

（1）评价者对各指标的重视程度，称为结构重要度。

（2）各指标在安全评价中的作用不同，即各指标在评价中传递的信息量不同，称为信息量权。

（3）各指标评价值的可靠度不同，称为可靠权。

指标权重表示各个指标重要程度的差异，它既是评价者的主观评价，又是指标自身客观存在的本质属性的反映。

结构重要度是决策者自身的知识结构、熟悉度以及社会、环境背景、知识广度等预选决定指标重要度的权数，指标权重的大小由专家认定程度来确定，它目前广泛用于各类评价方法之中。

信息量权重反映在确定的决策条件下，各类指标输给决策者的信息多少。它首先建立评价指标与决策方案的评价矩阵，并求出每一指标对决策方案的评价值。若某指标求得的各方案评价值差异越大，就可以说指标对方案的比较作用越大，它的权系数就越大，反之亦然。

可靠性权是反映指标的客观程度和可靠程度，可靠性越高，其权重就越大，它根据指标的可靠度来确定。根据煤矿安全评价指标的特点，我们主要研究的是下层指标对所属上层指标的权重，因此在本书中指标的权值是结构重要度。

4.1.2 权重的确定方法

4.1.2.1 专家打分法

专家打分法即是由少数专家直接根据经验并考虑反映某评价观点后定出权重，具体做法和基本步骤如下：

（1）选择评价定权值组的成员，并对他们详细说明权重的概念和顺序以及记权的方法。

（2）列表。列出对应于每个评价因子的权值范围，可用评分法表示。例如，若有五个值，那么就有五列。行列对应于权重值，按重要性排列。

（3）发给每个参与评价者一份上述表格，按下述步骤（4）~（9）反复核对、填写，直至没有成员进行变动为止。

（4）要求每个成员对每列的每种权值填上记号，得到每种因子的权值分数。

（5）要求所有的成员对作了记号的列逐项比较，看看所评的分数是否能代表他们的意见，如果发现有不妥之处，应重新作记号评分，直至满意为止。

（6）要求每个成员把每个评价因子（或变量）的重要性的评分值相加，得出总数。

（7）每个成员用第（6）步求得的总数去除分数，即得到每个评价因子的权重。

（8）把每个成员的表格集中起来，求得各种评价因子的平均权重，即为“组平均权重”。

（9）列出每种的平均数，并要求评价者把每组的平均数与自己在第（7）步得到的权值进行比较。

（10）如有人还想改变评分，就须回到第（4）步重复整个评分过程。如果没有异议，则到此为止，各评价因子（或变量）的权值就这样决定了。

4.1.2.2 调查统计法

具体作法有下面两种。

（1）重要性打分法：重要性打分法是指要求所有被征询者根据自己对各评价因子的重要性的认识分别打分，其步骤如下：

1）对被征询者讲清统一的要求，给定打分范围，通常 1~5 分或 1~100 分都可。

2）请被征询者按要求打分。

3）搜集所有调查表格并进行统计，给出综合后的权重。

（2）列表打勾法：该方法如表 4-1 所示。事先给出权值，制成表格，由被调查者在认为合适的对应空格中打勾。对应每一评价因子，打勾 1~2 个，打 2 个勾表示程度范围。这样就完成一个样本的调查结果。

表 4-1 列表打勾法

备择程度	因子序号					
W	1	2	3	…	$m-1$	m
0						
0.2		√			√	√
0.4	√	√				√
0.6	√		√			
0.8			√			
1.0						

在样本调查的基础上，除采用一般的求 N 个样本的均值作为综合结果外，还可采用如下方法：

1）频数截取法。频数截取法的主要步骤如下：

①列中值频率分布表，见表 4-2。记对应第 i 个评价因子第 j 个样本给的权值区间数为（a_i，b_i），$i=1$，2，…，N，相对表中征询权值的几个区间，计算每一征询权值区间中所包含样本权值的频数，并推求相对频数，把计算结果填入表中。

表 4-2　频数截取法中值频率分布表

征询权值	频数	相对频数
0~0.1		
0.1~0.2		
0.2~0.3		
0.3~0.4		
0.4~0.5		
0.5~0.6		
0.6~0.7		
0.7~0.8		
0.8~0.9		
0.9~1.0		
Σ	N	1

②画相对频数分布曲线图。以征询权值区间为横坐标，相对频数为纵坐标画出曲线图。

③考虑一般截取相对频率在 0.5 以上的 λ 值，即至少有一半以上人员的意见。表 4-2 中取 λ 值为 0.7，则对应的征询权值区间约为［0.46，0.72］。

④对所有落在该截取区间内的权值数求平均值，作为该评价因子 N 个样本的综合意见。

2）模糊聚类分析求均值法。模糊聚类分析求均值法的具体步骤如下。

①对基础数据 X 作极值标准化处理。

$$X = \frac{X' - X'_{\min}}{X'_{\max} - X'_{\min}} \tag{4-1}$$

当 $X' = X_{\max}$ 时，$X=1$；当 $X' = X_{\min}$ 时，$X=0$。

②标定。即算出衡量被分类对象 X_i 与 X_j 间相似程度的相似系数，这里采用下式求 r_{ij}：

$$r_{ij} = 1 - \sqrt{\frac{1}{n}\sum_{k=1}^{m}(x_{ik} - x_{jk})} \tag{4-2}$$

式中　x_{ik}，x_{jk}——变量 X_i，X_j 的第 k 个样本，这里 i，$j=1$，2，…，n；$k=1$，

2，…，m。

③验证相似系数公式满足反身性和对称性，即 $r_{ij}=r_{ji}$。

④对模糊关系矩阵 $R=(r_{ij})_{n\times n}$进行变换，使之成为模糊等价关系。采取矩阵自乘方法，当 $(R^k)^2=R^2$ 时，R^k 即为模糊等价关系。

⑤选取阈值 λ 进行截取，即得到所需的分类，而后在所取的一大类中求均值作为模糊权。

当用于对集值（这里为区间数）的 N 个样本进行模糊聚类分析时，即在如上步骤中，把区间右端点 a_i 和左端点 b_i 各看作分类指标，则由 N 组 $[a_i, b_i]$（$i=1, 2, \cdots, n$）进行分类。而后，可用数目最多样本的一类求权值，再取中间值作为最后权值。

3）中间截取求均值法。该方法的步骤为：

①记第 i 个评价因子第 j 个样本的模糊数为 $[a_{ij}, b_{ij}]$，则

$$w_{ij}=\frac{a_{ij}+b_{ij}}{2} \quad j=1, 2, \cdots, n \tag{4-3}$$

记

$$w_{i\max}=\bigvee_{j=1}^{n}\left(\frac{a_{ij}+b_{ij}}{2}\right); \quad w_{i\min}=\bigwedge_{j=1}^{n}\left(\frac{a_{ij}+b_{ij}}{2}\right)$$

②对于给定的阈值 λ，当 $w_{i\max}-w_{i\min}\leqslant\lambda$ 时，认为 N 个样本取值较集中，直接求第 i 评价因子的权值，有

$$w_i=\left[\frac{1}{n}\sum_{j=1}^{n}a_{ij}, \ \frac{1}{n}\sum_{j=1}^{n}b_{ij}\right] \tag{4-4}$$

当 $|w_{i\max}-w_{i\min}|>\lambda$ 时，去掉 $w_{i\max}$对应的 a_{ij0}、b_{ij0}和 $w_{i\min}$对应 a'_{ij0}、b'_{ij0}，再计算新的 $w_{i\max}$和 $w_{i\min}$。

再计算 $w_{i\max}-w_{i\min}$，若小于等于 λ，则按前述方法求对应的区间数。若仍大于 λ，再去掉对应的 a_{ij0}、b_{ij0}值。以此类推，求得 N 个样本对第 i 个评价因子意见较集中的权值估计。

4.1.2.3 序列综合法

该类方法的定权因子就是评价因子的某些定量的性状指标，其思路就是根据这些定量数据的大小排序后给对应分数，而后综合这些分数定权值。

（1）单定权因子排序法：即当定权因子只有一个时的序列综合法。其步骤为：

1）明确定权因子的物理含义，统一度量单位，排序；

2）根据数值大小范围和排序结果对应分数或级别；

3）根据以上分级结果定权。

（2）多定权因子排序法：即当定权因子有两个以上时的序列综合法。其步骤为：

1）明确 K（$K \geqslant 2$）定权因子的物理意义，分别统一度量单位后，按大小分别排序；

2）根据排序结果，给定对应序列值并列表；

3）计算每一评价因子所有序列值的和；

4）归一化后得 N 个评价因子的权值。

4.1.2.4　公式法

自变量即为定权因子，其计算结果为权值。一般每个评价因子计算一次，N 个评价因子分别计算得到的权值，而后所有评价因子归一化后得最后结果。一般常见的有下列公式。

（1）三元函数法。选择三个定权因子，即超标率 X、评价标准 Y 和明显危害浓度 Z，故该定权公式称为三元函数式，第 i 个评价因子的权重为：

$$w_i = \frac{X_i Y_i}{Z_i} \quad i = 1, 2, \cdots, N \tag{4-5}$$

（2）概率法。已知某评价因子实测数据的平均值为 $\bar{x}_i$，标准差为 σ_i，评价标准为 s_i，则

$$w_i = \frac{\sigma_i}{\ln(s_i - \bar{x}_i)} \tag{4-6}$$

（3）相关系数法。该方法计算权值考虑不同评价因子间的相关作用，引入相关系数定权，其公式为：

$$w_i = \sum_{j=1}^{m} r_{ij} / \sum_{i=1}^{n} \sum_{j=1}^{m} r_{ij} \tag{4-7}$$

$$L_{ij} = \sum C_i C_j \frac{(\sum C_i)(\sum C_j)}{m} \qquad i = 1, 2, \cdots, m$$

$$r_{ij} = L_{ij} / \sqrt{L_{ii} L_{jj}} \qquad j = 1, 2, \cdots, n$$

式中　r_{ij}——评价因子 i 与 j 的相关系数；

C_i，C_j——分别为两评价因子的实测数据。

（4）信息量法。考虑各评价因子对系统提供的信息量，其公式为：

$$w_i = \log_{10} P_i \tag{4-8}$$

或

$$w_i = \log_2 P_i \tag{4-9}$$

式中　P_i——i 评价因子的概率，目前有三种计算方法，

即

$$P_i = C_i / \sum_{i=1}^{n} C_i \tag{4-10}$$

或 $$P_i = C_{bi} / \sum_{i=1}^{n} C_{bi} \tag{4-11}$$

或 $$P_i = C_{0i} / \sum_{i=1}^{n} C_{0i} \tag{4-12}$$

式中 C_i——i 评价因子的实测数据；

C_{0i}——其系统背景值；

C_{bi}——其评价标准。

这样，权值的计算方法便有三种。这三种方法各有合理之处，其原理已经进行详细探讨。计算出的权值是相对权，还需作归一化处理。

（5）隶属函数法。权值可以理解为对于“重要”模糊子集的隶属度。故模糊数学的一套隶属函数中，只要意义相符，就可用于作为定权公式，但有些由于定义域差异要经过一些变换方可应用。例如，用正弦隶属函数作权函数时，可经如下处理：记 i 评价因子的实际权值为 w_i，两极值分别为 $X_{i\max}$ 和 $X_{i\min}$，则

$$w_i = \sin\left(\frac{X_i - X_{i\min}}{X_{i\max} - X_{i\min}}\right) \tag{4-13}$$

4.1.2.5 *层次分析法*

层次分析法是应用网络系统理论和多目标综合评价方法的一种层次权重决策分析方法，是常用的确定权值方法。层次分析法本质是一种决策方法，所谓决策是指在面临多种方案时需要依据一定的标准选择某一种方案。层次分析法可应用于决策、评价、分析、预测。

运用层次分析法构造系统模型时，大体可以分为以下五个步骤：建立层次结构模型，构造判断矩阵，一致性检验，计算各层权重，总体一致性检验。

4.2 层次分析法在煤矿巷道稳定性评价中的应用

巷道事故是煤矿开采中极为常见的事故，且随着矿井的不断延伸，在深部的矿山压力及采动压力的影响下，巷道的支护及维护难度也随之加大，巷道的稳定性也就更难于控制。一般来说，是由于自然地质因素的缺陷、采掘技术不完善、支护质量低劣以及巷道使用过程中维修、维护管理不到位等原因的综合作用降低了巷道的整体稳定性，最终导致巷道事故的发生。

煤矿巷道稳定性评价主要的任务和目标就是依据已掌握的安全信息，对巷道稳定性做出科学评价，安全人员则可以依据评价结果调整对巷道的管理。通过对以往的煤矿巷道事故分析表明，巷道事故的发生与否及发生规模的大小不仅与客观条件、人为管理等定性因素有关。而且还与自然条件、生产技术条件等许多因素有关。作为一个具有高度复杂性、不确定性、开放性的系统，它所涉及的影响因素不但很多，而且它们之间存在相互影响、相互制约的内在联系，不能用一个

确定的函数关系来表达。因此，科学地选取一个既能充分地反映巷道的安全状况，又能突出安全重点的评价指标体系，对指导生产实践、保证安全生产都具有其重要意义。

在巷道工程中，围岩和支护系统的力学行为及其关系是错综复杂的。以往在解决巷道或其他地下工程稳定性问题时，通常采用两种方法：力学计算方法和经验类比方法。以计算机为手段的力学计算方法，首先要确定计算模型，这在很多情况下是不容易的，一旦模型确定后，计算所需的各项输入信息（例如岩体力学性质，初始地应力等）就成为问题的关键。多数人通过现场调查和室内试验来获得输入信息，然而由于岩体是一种处于复杂地质环境中的异性不连续介质，以及试验技术和财力上的种种原因，上述试验所获数据往往具有很大的离散性，有限的现场试验很难全面反映岩体的真实情况，而输入信息反映客观实际的程度决定了计算结果的价值。对于以围岩工程分级为基础的经验类比法，尽管近年来逐渐引入模糊理论和神经网络技术，但要对影响围岩稳定性诸因素定量仍然存在很大困难。事实证明，单独使用力学计算法或经验法都不能取得较好的效果。因此，巷道稳定性评价需要在全面系统地分析系统内各种因素影响的基础上进行，这样不仅可对巷道的稳定性做出评价，而且还可以发现系统内不安全因素的危险程度，有利于决策者制定有效的预防或处理措施，预防这类事故的发生或降低事故的危害，对于降低职工伤亡和减少财产损失有着重要意义。

为了评价指标体系更具实用性和推广性，综合考虑了地质条件、施工、支护和巷道变形及监测等方面因素的影响，并用层次分析法对巷道的安全性进行评价。

4.2.1 安全评价指标体系的建立原则

指标体系的建立主要是指指标的选取与指标结构关系的确立。煤矿巷道稳定性评价既要符合安全评价的一般性规则和要求，又要充分考虑煤矿安全生产状况的自身特点。为了保证评价指标体系能客观、全面、科学地分析和评价煤矿巷道的危险性，提高巷道的安全水平，减少事故的发生，应遵循以下几个建立评价指标体系的指导原则。

（1）科学性。指标、影响因素的选取和数据的获取及计算必须以公认的科学理论为依据。建立巷道稳定性评价因素体系，也必须能反映客观实际以及事物的本质，能反映出影响巷道稳定性的主要因素。只有坚持科学性原则，获得的信息才具有可靠性和客观性，评价的结果才有效。

（2）全面性。对煤矿巷道现状的评价是一种全面性的多因素综合评价，为了保证这一点，选取的因素应具有代表性。选取时应从评价对象的各方面着眼，尽管最后确定的评价因素不一定很多，但选择初始时，被选因素一定要多一些，全面一些，以保证有选取余地。

(3) 系统性。系统性是指在建立能够全面反映巷道稳定性指标体系的基础上，从中抓住主要因素，使得指标体系既能反映因素和指标之间的关系，又能反映因素之间的关系，保证评价的可信度。

(4) 可行性。建立的评价因素体系应该能方便数据资料的收集，能反映事物的可比性，做到评价程序与工作尽量简化，避免面面俱到，繁琐复杂。只有具有可行性，评价的实施方案才能比较容易为矿山的安全部门所接受。

(5) 定性与定量分析相结合的原则。为了对巷道的安全状况进行综合评价，必须将部分定性因素定量化，使得分析评价工作更具科学性和可操作性。

(6) 可比性。为了便于比较，评价因素应当量化。由于评价对象比较复杂，其中有些因素（尤其是管理因素）难以量化，但是事物的质是要通过一定的量表现出来的，因此，评价因素应尽可能量化，只有量化了，才能揭示事物的本质。

(7) 相对独立性原则。指标体系在满足全面性和层次性要求的同时，必须避免指标的重叠及其显见的包含关系，对于隐含的相关关系，要在模型中用适当的方法消除。

4.2.2 煤矿巷道稳定性评价指标体系

根据评价指标，从煤矿巷道这一生产系统内选取合适的评价因素集，构造一个既能全面反映各因素对巷道稳定性影响，又能较为容易地将各因素定量化处理的巷道稳定性评价指标体系。依据因素的主客观条件，可将指标体系的因素集划分为可定性分析和可定量分析两部分。定性分析是从安全评价的目的和原则出发，考虑评价指标的充分性、必要性、可行性、稳定性以及指标体系与评价方法的协调性等因素，主观确定指标体系及评价方法的过程。定量分析就是通过一系列检验，是指标体系科学化、合理化的过程。

4.2.2.1 煤矿巷道稳定性评价指标体系的建立

评价指标体系指标的确定方法有两种：综合法和分析法。

综合法是指在已存在的诸多因素的基础上，对其按一定的标准进行聚类，使其体系化的一种构造指标体系的方法。

分析法是指对分析目标和分析对象划分成若干个子系统，然后再细分，直到每一子系统可以用具体的统计指标来描述和实现。把分析目标划分成若干个子目标或子子目标，然后每个目标用若干个指标反映；对分析对象划分包括按对象的运动过程和按对象的构成要素两种划分方式。

众所周知，煤矿巷道是一个复杂的生产系统，这里将从人—机—环境这一系统的分析方法来考虑评价指标体系。显然，巷道的危险性是由人、机、环境共同作用的结果，环境的不安全因素加上物的不安全状态导致事故的发生。

通过与开滦集团各矿现场技术人员交流，并参照矿井历年巷道事故资料整理分析结果，提取影响巷道安全的相关因素，并按影响因素的性质或所采取的技术条件划分为不同的因素集，即地质条件、支护、施工、巷道变形监测四部分。煤矿巷道稳定性评价指标体系按煤巷和岩巷分别进行考虑。

（1）岩巷稳定性评价指标体系内容包括（见图 4-1）：

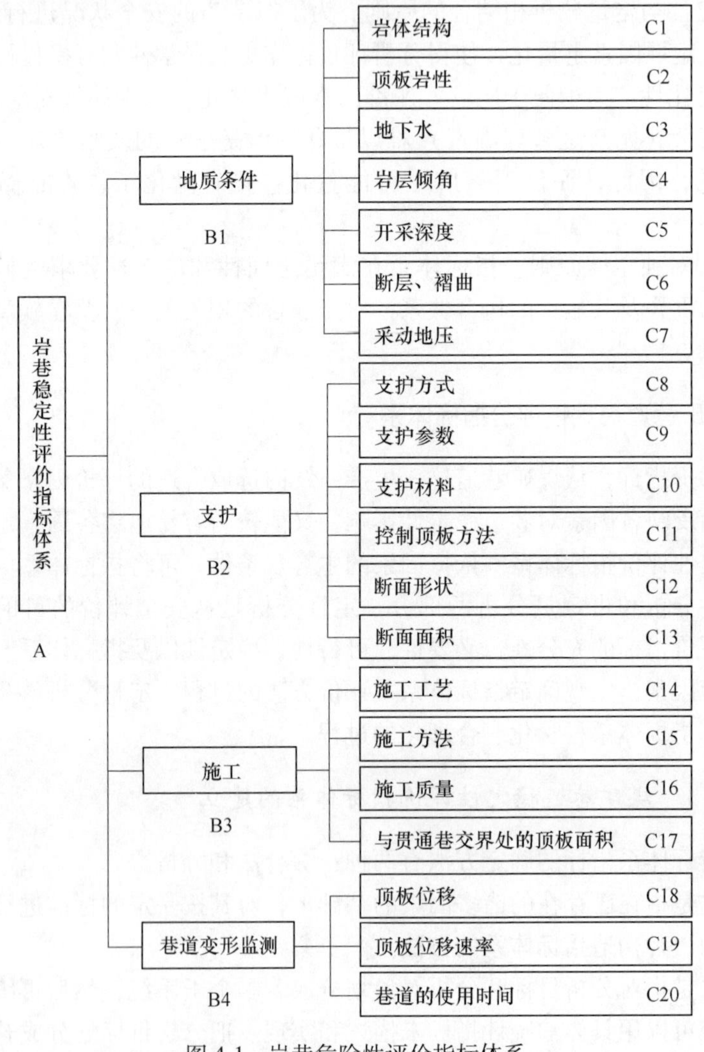

图 4-1 岩巷危险性评价指标体系

1）地质条件部分。煤矿巷道附近的地质条件是影响巷道附近地压分布规律和巷道稳定性的物质基础。地质条件和变化规律与地压的分布规律有直接的联系，而工程地质条件比较差的地方往往是地压显现较为严重的地方。下面就地质条件的各个因素逐一加以论述。

岩体结构是指煤矿巷道围岩的分布情况。由于层状结构的围岩岩石中的层理面构成了一个潜在的分离面（或称为弱面），强度低且层理面间距小的薄层状围岩岩层更易冒落，巷道也就更容易被破坏；反之，当巷道附近的岩层分层较少，岩层厚度较大时，巷道就相对地较为稳定些。岩层的节理裂隙对顶板的稳定性影响极大。

围岩岩性是指围岩的本身所固有的性质，围岩岩性和围岩的力学性质有着十分紧密的联系。围岩的力学特性对巷道的稳定性有重要影响。经验表明，围岩的力学性质特别是围岩强度对冒顶的影响很大，强度越低，越易冒顶。低强度岩石包括大多数粘土岩对标准的平巷宽度来说缺乏自撑能力，当支托它们的煤体开采出来后不久就会从顶板冒落。

地下水的影响。水对岩石具有弱化作用，尤其对含泥质的岩石，可使岩石强度急剧下降，甚至发生崩解或体积膨胀。水也使岩石与裂隙间的摩擦系数和变形模量下降。地下水还有水楔作用，使裂隙内产生张力作用。水的影响还包括潮解作用，潮解可能是一种逐步的过程，它通过小块掉落这样的损耗导致较大的顶板冒落，形成一种顶板缓慢破坏的现象。因此，地下水对岩体稳定性极为不利。

煤层（岩层）倾角直接影响着巷道的稳定性，一般说来，急倾斜煤层中的巷道最不稳定，缓倾斜煤层中的巷道就相对稳定得多。

断层和褶曲所产生的构造应力是影响巷道稳定性的一个主要的地质原因，在断层、褶曲处的岩体较为松散破碎，在此处的巷道的安全性较差，易造成巷道的冒顶。

开采深度是指巷道所在水平与地平面之间的距离。原岩应力是引起冒顶的基本作用力，原岩应力随开采深度的增加而增大，所以，随着深度的增加，原岩应力对冒顶的影响就越严重。一般说来，开采深度较小时，巷道容易支护，地压容易管理；开采深度较大时，巷道难于支护，地压管理也较为困难。

采动地压是指由于受临近工程的采动影响，而使巷道处的地压环境变化。临近工程（主要指采场）对巷道的采动地压的影响，不仅与工程的施工方式和施工工艺有关，而且还受巷道周围环境及其自身的保护工程和措施有关。

2）施工。施工是影响巷道安全性另一主要指标，其主要影响因素如下：

施工方法是指掘进巷道时所采用的方法，包括放炮掘进和掘进机掘进。一般来说，掘进机掘进相对放炮掘进来说，掘进机掘进巷道破坏作用较小。

施工工艺是指在施工方法确定的情况下，所采取的施工的顺序步骤和参数的合理安排。如是否采用超前支护，掘进进尺参数是否合理，是否符合安全技术规程等。

施工质量是指施工后的整体质量，施工质量越好，巷道也就越稳定。与其他巷道交接处的顶板面积是指巷道连接和交叉处的面积。在两巷道连接和交叉处，由于悬露面积较大，顶板往往破坏较为严重，尤其在巷道掘进和翻修巷道时围岩应力重新分布，此处顶板岩层的破坏就更为严重，很容易发生冒顶事故。

3）支护。断面形状是指巷道的断面形状。主要的断面形状有梯形断面（包括矩形断面），拱形断面，椭圆状断面。巷道围岩中的应力大小及分布和巷道断面形状有关，折线形断面相对曲线形断面来说，其围岩中存在着较大的拉应力。所以，在所有的断面形状中，椭圆状断面最为合理，拱形断面次之，梯形断面最差。这是因为合理的椭圆断面设计能够消除巷道的应力集中现象，而梯形断面存在着应力集中，使得巷道变得不稳定。所以巷道的断面形状尽可能使用曲线形断面。

断面面积指的是巷道断面的面积。断面面积越大，越不利于巷道的稳定。巷道围岩周边位移与断面尺寸成正比，断面越大，周边位移也就越大，当位移达到极限值后，围岩破坏加剧，最终容易引起冒落，造成事故的发生。

支护方式大致包括木支护、锚杆支护、金属支架支护、混凝土或喷射混凝土支护等几种支护方式。在保证使用期间巷道能够保持稳定的前提下，合理地选择支护方式，是一项十分重要的工作。选择不好，要么支护强度过高，造成不必要的资金和支护材料的浪费，要么支护强度过低，在巷道的使用期间内容易就发生冒落等其他事故，影响巷道的正常使用。

支护参数是指在选择某一支护方式后，选用的支护参数和理论上的支护参数相比，是否能够满足巷道对支护强度的要求。例如锚杆的支护参数选取问题上，参数包括锚杆的直径、锚杆的长度、支护密度等。

支护材料是指巷道支护时所采用的材料。它直接影响着支护质量好坏，比如锚杆材料不合格，混凝土达不到设计要求都会严重影响巷道的稳定性，直接影响着巷道的安全性和使用时间。控制顶板方法是指在巷道掘进时所采用的支护措施和方法。采用预先支护方式所开掘的巷道变形破坏较小，所以，巷道也就最为稳定。采用临时支护所开采的巷道变形破坏较大，巷道的稳定性相应就差了许多，对于采用临时支护所开掘巷道来说，及时支护有助于减小应力对巷道的破坏，保护巷道的完整性，对于防止顶板冒顶有着积极的意义。

4）巷道变形监测。巷道变形监测是巷道使用过程中一项重要工作，为煤矿及时发现事故隐患，制定预防措施，减少或消除巷道事故的发生。

顶板位移量是指顶板的移动距离。顶板位移速率是指单位时间内顶板的位移量。顶板位移量和顶板位移速率是判断巷道为定性的重要依据，通过对监测数据的反馈、分析，有效地掌握支护效果，当巷道变形严重、出现顶板下沉时，针对现场实际，及时采取灵活多变并具有针对性的加固措施，保证支护在使用期间内的安全性。

巷道的使用时间是指从巷道被掘出时算起的使用巷道时间年限，巷道的使用年限越久，巷道的变形破坏就越大，巷道也就越危险。

(2) 煤巷稳定性评价指标体系（见图4-2）。对于煤巷来说，因为巷道部分

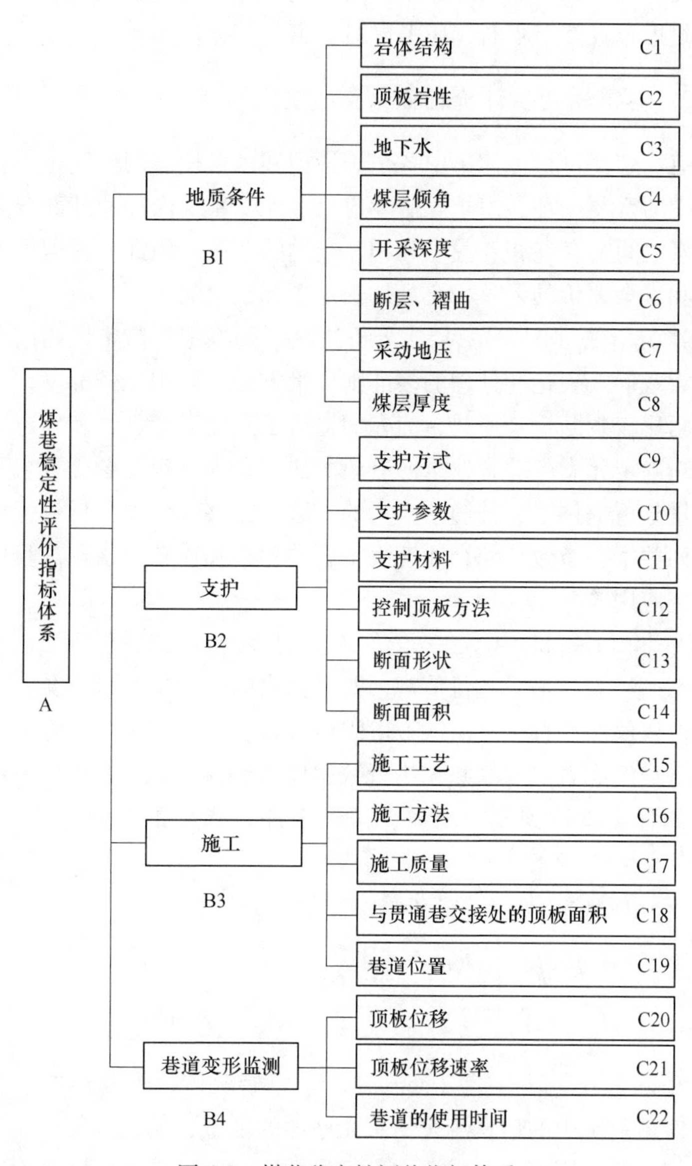

图4-2 煤巷稳定性评价指标体系

或全部位于煤层内部，巷道所处的煤层厚度和巷道周围的工程布置对巷道的稳定性有很大的影响，所以评价指标体系除了考虑岩巷的所有指标外，还应考虑煤层厚度和巷道位置等因素的影响。

综上所述，在巷道掘进之前，应先调查清楚工程地质条件，制定科学合理的掘进施工方案；掘进施工过程中，要采取合理有效的技术措施，降低巷道原岩破坏；巷道使用过程中，加强巷道变形监测力度，加强对支护设备及材料维修与维护；在巷道附近布置新工程时，应考虑对巷道的破坏作用。

4.2.2.2　巷道稳定性评价指标权重的确定

煤矿巷道稳定评价指标体系中各个子指标和因素权重的确定是进行煤矿巷道稳定性评价中的重要一环。由于煤矿巷道稳定性受系统内部和外部众多因素的影响，且各因素之间又存在相互关联和相互制约的关系，因此，根据评价指标所在系统的特点和安全评价的要求，合理地确定指标权重的求解方法。

（1）层次分析法（AHP）。层次分析法是一种将定量与定性相结合，将人的主观判断用数量形式表达和处理的多准则决策方法，运用比例标度，采用基于单一准则的两两比较判断矩阵模式，为人们提供了测度无形事物和确定元素权重并综合所有判断确定元素的综合权重的有效方法。它为分析复杂的社会系统，对定性问题做定量分析提供了一种简洁实用的方法，能够有效地分析目标准则体系层次间的非序列关系，有效地综合测度决策者的判断和比较。该方法目前在许多决策规划中得到应用。

（2）德尔菲（Delphi）确定权重法。这是比较常用的一种方法，它是依据若干专家的知识、经验、信息和价值观，对已拟出的评价指标进行分析、判断、权衡并赋予相应权值的一种调查法。一般需经过多轮匿名调查，在专家意见比较一致的基础上，经组织者对专家意见进行数据处理，检验专家意见的集中程度、离散程度和协调程度，达到要求之后，得到各评价指标的初始权重向量：$\boldsymbol{w}^* = \{w^*\}_{i \times n}$。

在对 w^* 做出归一化处理，评价指标的权重为：

$$w = \left\{ \frac{w_1^*}{\sum_{i=1}^{n} w^*}, \frac{w_2^*}{\sum_{i=1}^{n} w^*}, \cdots, \frac{w_n^*}{\sum_{i=1}^{n} w^*} \right\}$$

（3）熵值确定权重法。熵（entropy）是原始统计物理和热力学中的一个物理概念，在信息系统中的信息熵是信息无序度的度量，信息熵越大，信息的无序度越高，其信息的效用值越小；反之，信息的熵越小，信息的无序度越小，信息的效用值越大。在综合评判中，运用信息的熵来评价所获得的系统信息的有序程度及信息的效用值是很自然的，统计物理中的熵值函数形式对于信息系统应是一致的。

对于模糊综合评判模型，设已获得 m 个样本的 n 个评价指标的初始数据矩阵 $\boldsymbol{X}=\{X_{ij}\}_{m\times n}$，利用熵值法估算各指标的权重，其本质是利用该指标信息的价值系数来计算的，其价值系数越高，对评价的重要性就越大（或称对评价结果的贡献越大），所以 j 项指标的权重为：

$$w_j=\frac{1-e_j}{\sum_{i=1}^{m}(1-e_j)}$$

确定权重方法的分类与优缺点比较：德尔菲法与 AHP 法基本属于一类，都是基于专家群体的知识、经验和价值判断，只是 AHP 法对专家的主观判断进一步做了数学处理，使之更为科学；熵值法是根据样本数据自身的信息特征做出的权重判断。德尔菲法与 AHP 法与熵值法相比较，优点是不需要具备样本数据，专家仅凭对评价指标内涵与外延的理解即可做出判断。因此适用范围较广，特别对一些定性的模糊指标，仍然可做出判断，且在判断过程中可以吸纳更多的信息。AHP 法与德尔菲法比较，适用范围相同，由于 AHP 法对各指标之间相对重要程度的分析更具逻辑性，再加上数学处理，其可信度高于德尔菲法。这两种方法的缺点是：在一定程度上都存在主观性，如果专家选择不当则可信度降低。熵值法由于深刻地反映了指标信息熵值的效用价值，其给出的指标权重值比德尔菲法和 AHP 法有较高的可信度，但它缺乏各指标之间的横向比较，且需要样本数据，在应用上受到限制。

巷道稳定性评价指标将采用层次分析法来确定指标的权重值，不仅克服了凭经验直接给出权值难以做到客观准确的弊端，而且有效地利用了专家的知识及经验，再加上科学地数学处理，其结果具有很高的可信度。

AHP 法将问题分解成各组成因素，将这些因素按支配关系组成递阶层次结构，经两两对比，确定层次中诸因素的相对重要性，求解判断矩阵从而确定各因素的相对权数。

（4）权重计算步骤。层次分析法解决问题的基本思路是把系统各因素之间的隶属关系从高到低排成若干层次，并建立不同层次元素之间的相互关系，根据对一定客观现实的判断，利用数学方法，确定每一层次全部元素相对重要性次序权重，通过排序结果，对问题进行分析和决策。这种方法可以把多目标、多准则的决策问题化为多层次、单目标的两两对比，然后只需进行简单的数学运算。

现实生活中，人们处处需要及时有效的决策，而决策的对象又往往是十分复杂、混乱不清的大系统，常牵涉到许多因素，这就对辨识一个复杂系统增加了困难。层次分析法正是辨识这类问题的有效方法。它首先提出了递阶层次结构理论，用来解析这类系统，便于人们去认识；然后，对此结构定量化描述，从而考察系统的结构和功能，使之通过应用排序理论得出满足系统总目标要求的各个方案（或措施）的优先顺序。因此，层次分析法的基本原理可归纳为：递阶层次结构原理、两两比较标度和判断原理以及层次排序原理。

1）递阶层次结构原理。递阶层次结构是关于系统结构的抽象概念。它被赋予如下假设：系统中所有元素可分为若干层（组），其中任何一层中的元素只对另一特定层中的元素发生影响，同时也只受到另外一层中元素的影响。各层内的元素彼此之间独立。

根据对问题的分析，将其所包含的因素分层，按最高层、若干中间层和最低层的形式排列。如决策问题可分为：

最高层，表示解决问题的目的，即所要达到的目的，称为目标层。

中间层，表示衡量目标是否能够实现的标准，称为准则层。

最低层，表示解决问题的方案、方法、手段等，称为措施层。

将各因素分层后，按照目标到措施自上而下地将各因素之间的直接影响关系排列于不同层次，并构成一个层次结构图。如矿井安全等级就是最高层（目标层）；A、B、C、D、E、F、G 代表煤矿中的各类灾害事故，为中间层（准则层）；而A_i、B_i、C_i、D_i、E_i、F_i、G_i代表各类事故的诱发因素，就是最低层（措施层）。

应用层次分析法分析的系统，其递阶结构有三种类型：

①完全相关性结构。上一层次每一个要素与下一个层次的所有要素完全相关。

②完全独立性结构。上一层次要素都有各自独立、完全不同的下一分层要素。

③混合结构。介于上述两者之间的一种情况，是一种非完全相关又非完全独立的递阶层次结构。

上述的递阶层次结构基本都属于完全独立性结构。

2）两两比较的标度和判断原理。上述层次化递阶结构的中心问题是：如何对递阶结构中的任一元素的影响进行测度，每一个元素对总目标的影响有多大。判断是量化的前提，标度是量化的基础。

①判断——两两比较方法。从最上层要素开始，依次以上一层某要素A_k作为判断准则，对下一层要素两两比较，建立判断矩阵。记判断矩阵为$\boldsymbol{B}=(b_{ij})$，其形式如下：

A_k	B_1	B_2	…	B_j	…	B_n
B_1	b_{11}	b_{12}	…	b_{1j}	…	b_{1n}
B_2	b_{21}	b_{22}	…	b_{2j}	…	b_{2n}
⋮	⋮	⋮	…	⋮	⋮	⋮
B_i	b_{i1}	b_{i1}	…	b_{ij}	…	b_{in}
⋮	⋮	⋮	…	⋮	⋮	⋮
B_n	b_{n1}	b_{n2}	…	b_{nj}	…	b_{nn}

判断矩阵 **B** 中的元素 b_{ij}表示以 A_k为判断准则，要素 B_i对 B_j的相对重要度，即

$$b_{ij} = \frac{w_i}{w_j} \tag{4-14}$$

式中，w_i、w_j 分别表示要素 B_i、B_j的重要性量度值。

为了便于定量化描述，因此采用两两比较方法。

②标度——两两比较的赋值。当需要决策的对象不能直接量化时，层次分析法提供了将抽象的逻辑思维判断转化为定量分析的方法。萨坦教授运用模糊数学理论，集人类判断事物优劣，轻重缓急的经验方法，而提出 1 到 9 的比率标度。即元素 b_{ij}通常可取值 1，3，5，7，9 及它们的倒数。其含义为：

1——B_i和 B_j两者的重要性相同；

3——B_i比 B_j稍重要；

5——B_i比 B_j较重要；

7——B_i比 B_j非常重要；

9——B_i比 B_j绝对重要。

它们之间的数 2，4，6，8 及它们的倒数有相应类似的意义。

3）层次排序原理。我们还需找到求解某一层上不同元素对相邻上一层的各元素所产生影响的方法，从而能最终计算出最低层次上的各元素对总目标的影响程度，这包括层次单排序和层次总排序。层次单排序表示某一层次各元素对相邻上一层上的各元素所产生影响效能的排序；层次总排序表示最低层上的各元素对总目标的影响程度的排序。另外还有一致性检验。本文所涉及的运算都是层次单排序。

①层次单排序：通常采用一种近似计算方法，方根法。其计算步骤为：

第一步，求判断矩阵 **B** 每行元素之积 M_i：

$$M_i = \prod_{j=1}^{n} b_{ij} \quad i = 1,\ 2,\ \cdots,\ n$$

第二步，计算 M_i 的 n 次方根 $\overline{W}_i$，$\overline{W}_i = \sqrt[n]{M_i}$；

第三步，对向量 $\overline{\boldsymbol{W}} = (\overline{W}_1,\ \overline{W}_2,\ \cdots,\ \overline{W}_n)^{\mathrm{T}}$ 归一化，求得向量。

$\overline{\boldsymbol{W}} = (\overline{W}_1, \overline{W}_2, \cdots, \overline{W}_n)^T$，归一化的结果就是$B_i$关于$A_k$的相对重要度（权重）$W_i$，即

$$W_i = \overline{W}_i / \sum_{i=1}^{n} \overline{W}_i \quad i = 1, 2, \cdots, n$$

例1 瓦斯等级为上一层元素（目标层），下一层为煤与瓦斯突出矿井、高瓦斯矿井、瓦斯矿井，是措施层。求各措施层的权重值。

其判断矩阵为：

A	B_1	B_2	B_3
B_1	1	3	5
B_2	1/3	1	3
B_3	1/5	1/3	1

先计算判断矩阵 ***A—B*** 的层次单排序结果：

$$\begin{pmatrix} 1 & 3 & 5 \\ 1/3 & 1 & 3 \\ 1/5 & 1/3 & 1 \end{pmatrix} \xrightarrow{\text{方根法}} \begin{pmatrix} \sqrt[3]{1\times3\times5} \\ \sqrt[3]{1/3\times1\times3} \\ \sqrt[3]{1/5\times1/3\times1} \end{pmatrix} \longrightarrow \begin{pmatrix} 2.45 \\ 1.00 \\ 0.41 \end{pmatrix} \xrightarrow{\text{归一化}} \begin{pmatrix} 0.64 \\ 0.26 \\ 0.10 \end{pmatrix}$$

通过程序计算的结果，煤与瓦斯突出矿井、高瓦斯矿井和瓦斯矿井的权重分别是0.64、0.26、0.10。

②一致性检验。对于所依据的矩阵要进行一致性检验。误差如在允许范围内，则排序在技术上有效，否则需要重新调整判断矩阵（其中存在互相矛盾的元素）。

设判断矩阵有唯一非零的最大特征值λ_{max}，设判断矩阵为n阶，则用度量一致性（或称为相容性）的指标$C.I$来进行判断：

$$C.I = \frac{\lambda_{max} - n}{n - 1}$$

一般情况下，若$C.I \leqslant 0.1$，就可以认为判断矩阵$\boldsymbol{A}'$具有相容性，以此计算的元素权重值就可以接受，否则要对判断矩阵重新赋值。

例2 根据各子指标的重要程度，作子指标之间的两两对比，构造判断矩阵$\boldsymbol{P}_A$。以地质条件、支护、施工、巷道变形监测四个子指标作对比，其判断矩阵如表4-3所示。

表4-3 煤巷稳定性判断矩阵

$\boldsymbol{P}_A$	地质条件	支护	施工	巷道变形监测
地质条件	1	0.5	0.5	1
支护	2	1	1	2
施工	2	1	1	2
巷道变形监测	1	0.5	0.5	1

对判断矩阵作层次单排序处理：

$\overline{M}_A = \{\overline{M}_1, \overline{M}_2, \overline{M}_3, \overline{M}_4\}^r$，有 $\overline{M}_1 = 0.1667$，$\overline{M}_2 = 0.3332$，$\overline{M}_3 = 0.3332$，$\overline{M}_4 = 0.1667$。

故，特征向量 $\boldsymbol{A} = \{0.1667, 0.3332, 0.3332, 0.1667\}^r$。

一致性检验：

因

$$P_A A = \begin{bmatrix} 1 & 0.5 & 0.5 & 1 \\ 2 & 1 & 1 & 2 \\ 2 & 1 & 1 & 2 \\ 1 & 0.5 & 0.5 & 1 \end{bmatrix} \begin{bmatrix} 0.1667 \\ 0.3332 \\ 0.3332 \\ 0.1667 \end{bmatrix} = \lambda \begin{bmatrix} 0.1667 \\ 0.3332 \\ 0.3332 \\ 0.1667 \end{bmatrix}$$

则

$$\lambda = \frac{1}{n}\sum_{i=1}^{n} \frac{(PA)_i}{M_1} = [3.9988 \quad 4.0018 \quad 4.0018 \quad 3.9988]$$

即

$$\lambda_{\max} = 4.0018$$

所以，$C.I = \dfrac{\lambda_{\max} - n}{n-1} = \dfrac{4.0018 - 4}{4-1} = \dfrac{0.0018}{3} = 0.0006$（$n$ 为判断矩阵的阶数）

查表知，平均随机一致性指标 $R.I = 0.89$。

$$C.R = \frac{C.I}{R.I} = \frac{0.0006}{0.89} = 0.00067 < 0.1$$

因为 $C.R < 0.1$，所以可以认为该判断矩阵具有满意的一致性。即 $A = \{0.1667, 0.3332, 0.3332, 0.1667\}^T$ 可以作为相应评价子指标的权重系数。

同理，依据上述求解方法，可求得评价指标的其他权重值，如表 4-4 所示。

表 4-4 各因素权值及其重要度取值表

分类	指标因素	岩巷指标权重值	岩巷指标重要度	煤巷指标权重值	煤巷指标重要度
地质条件	地质条件	0.17	0.1700	0.17	0.1700
	支护	0.33	0.3300	0.33	0.3300
	施工	0.33	0.3300	0.33	0.3300
	巷道变形监测	0.17	0.1700	0.17	0.1700
	岩体结构	0.14	0.0238	0.14	0.0238
	顶板岩性	0.14	0.0238	0.14	0.0238
	地下水	0.14	0.0238	0.14	0.0238
	煤层倾角	0.10	0.0170	0.08	0.0136
	开采深度	0.14	0.0238	0.14	0.0238
	褶曲断层	0.11	0.0187	0.11	0.0187
	采动地压	0.23	0.0391	0.20	0.0340
	煤层厚度	0	0	0.05	0.0085

续表 4-4

分类	指标因素	岩巷指标权重值	岩巷指标重要度	煤巷指标权重值	煤巷指标重要度
支护	支护方式	0.20	0.0660	0.26	0.0858
	支护参数	0.25	0.0825	0.26	0.0858
	支护材料	0.25	0.0825	0.18	0.0594
	控制顶板方法	0.10	0.0330	0.11	0.0363
	断面形状	0.10	0.0330	0.06	0.0198
	断面面积	0.10	0.0330	0.15	0.0495
施工	施工工艺	0.28	0.0924	0.19	0.0627
	施工方法	0.17	0.0561	0.11	0.0363
	施工质量	0.30	0.0990	0.34	0.1122
	巷道交接处面积	0.25	0.0825	0.23	0.0759
	巷道位置	0	0	0.23	0.0759
巷道变形监测	位移量	0.40	0.0680	0.40	0.0680
	位移速率	0.35	0.0595	0.35	0.0595
	使用时间	0.35	0.0595	0.35	0.0595

4.2.3　巷道稳定性分析评价

4.2.3.1　隶属度值的确定方法

在煤矿的安全评价工作中，指标的隶属度值的确定方法有两种：

（1）采用专家与安全人员综合打分的方式获得指标的隶属度值。

（2）通过建立一定的隶属函数关系获得指标的隶属度值。经常用到的隶属度函数类型有：

1）上三角形隶属度函数（见图 4-3(a)），$A(X)=\begin{cases} 0 & x<a \\ 1-\dfrac{b-x}{b-a} & a\leqslant x\leqslant b \\ \dfrac{c-x}{c-b} & b<x\leqslant c \\ 0 & x\geqslant c \end{cases}$；

2）下三角形隶属度函数(见图4-3(b))，$A(X)=\begin{cases}1 & x<a\\ \dfrac{b-x}{b-a} & a\leqslant x\leqslant b\\ 1-\dfrac{c-x}{c-b} & b<x\leqslant c\\ 1 & x\geqslant c\end{cases}$；

3）左半梯形隶属度函数（见图4-3（c）)，$A(X)=\begin{cases}0 & x<a\\ \dfrac{b-x}{b-a} & a\leqslant x\leqslant b\\ 1 & b<x\end{cases}$；

4）右半梯形隶属度函数（见图4-3（d）)，$A(X)=\begin{cases}1 & x<a\\ \dfrac{x-a}{b-a} & a\leqslant x\leqslant b\\ 0 & b<x\end{cases}$。

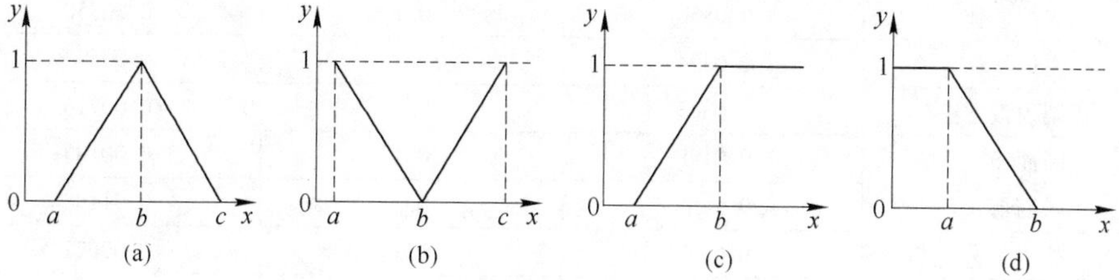

(a)　(b)　(c)　(d)

图4-3　几种常见的隶属度函数

除上述几个函数以外，还有指数函数、正态函数等形状的隶属度函数。

因素隶属度函数的构造：评价指标体系内隶属函数的建立可以通过统计或其他经验方法获得，结合有关专家的安全生产经验和相关文献资料所论述的观点，构造巷道深度对巷道稳定性影响的隶属度函数，其过程如下。

例如，在煤矿的开采过程中，一般认为巷道所在深度小于100m时，巷道不易发生危险事故，而当巷道大于800m时，巷道极易发生事故。所以由这种经验可得巷道所在深度的危险性隶属度函数为：

$$A(X)=\begin{cases}0 & x<100\text{m}\\ \dfrac{x-100}{800-100}\times 0.8 & 100\text{m}\leqslant x\leqslant 800\text{m}\\ 0.8+\dfrac{1-e^{-(X-800)}}{5} & x>800\text{m}\end{cases}$$

4.2.3.2　巷道稳定性评价计算

下面是对某一煤巷所做的稳定性评价，根据矿山安全方面专家的经验和现场数据，结合模糊数学的有关知识，采用专家与安全人员综合打分或隶属度函数求解的方法获得评价指标体系内各因素的隶属度值，见表 4-5。

表 4-5　巷道稳定性评价表

指标因素	煤巷指标重要度值	煤巷指标隶属值	重要度×隶属值
岩体结构	0.0238	0.4	0.00952
顶板岩性	0.0238	0.5	0.01190
地下水	0.0238	0.1	0.00238
煤层倾角	0.0136	0.4	0.00544
开采深度	0.0238	0.3	0.00714
褶曲断层	0.0187	0.1	0.00187
采动地压	0.0340	0.6	0.02040
煤层厚度	0.0085	0.4	0.00340
支护方式	0.0858	0.1	0.00858
支护参数	0.0858	0.1	0.00858
支护材料	0.0594	0.1	0.00594
控制顶板方法	0.0363	0.2	0.00726
断面面积	0.0198	0.1	0.00198
断面形状	0.0495	0.3	0.01485
施工工艺	0.0627	0.1	0.00627
施工方法	0.0363	0.1	0.00363
施工质量	0.1122	0.1	0.01122
巷道交接处面积	0.0759	0.4	0.03036
巷道位置	0.0759	0.3	0.02277
位移量	0.0680	0.2	0.01360
位移速率	0.0595	0.2	0.01190
使用时间	0.0595	0.4	0.02380
合　计	1.0066	—	0.23279

由表 4-5 可知此巷道的危险性为 0.23，由表 4-6（等级划分可依据专家经验或历史数据统计分析进行）可知，评价的结果表明巷道比较稳定。安全建议：在日常生产管理中，仍需要加大对巷道变形的监测，做好巷道的支护管理工作，加强日常的巷道检修维护，减少因周围工程所产生的应力对此巷道带来的破坏作用。

表 4-6　系统危险性等级

系统危险得分	[0.6，1]	[0.5，0.6)	[0.4，0.5)	[0.3，0.4)	[0.2，0.3)	[0，0.2)
安全等级	极不安全	不安全	中等	安全	比较安全	很安全

上述内容主要研究的是煤矿巷道的稳定性评价问题，着重分析和讨论了构筑

巷道稳定性评价指标体系、指标权重分配计算和巷道稳定性评价三部分内容。

（1）指标体系的构筑是整个安全评价工作中最重要的环节，直接决定着评价模型及其评价结果是否符合客观实际。在查阅了大量的有关安全资料及文献后，结合矿山专家的经验和其对巷道这一系统的研究，根据建立指标体系的原则，分析影响巷道安全状况的各种因素后，建立起能够较为全面、系统和客观地评价煤矿巷道稳定性的评价指标体系。

（2）指标权重的分配计算是安全评价工作中一项重要工作，可以由一些专家直接给出，但科学性无法保障。系统地比较了德尔菲法、AHP 法和熵值法三种方法的优劣，因 AHP 法不仅有很强的逻辑性，而且反映了指标之间的横向联系和专家对客观事实的判断，所以，AHP 层次分析法更加适合于确定巷道稳定性指标权重。

4.3　层次分析法在煤矿现状评价中的应用

利用 AHP 法计算煤矿安全评价指标权重，首先要建立问题的递解层次结构，其次是构造两两判断矩阵。

（1）建立问题的递阶层次结构模型。根据对问题的分析，在弄清问题范围、明确问题所含因素及其相关关系的基础上，将问题所包含的因素，按照是否具有某些共性进行分组，并把它们之间的共性看成是系统中新层次的一个因素，而这类因素本身可按另一组特性组合起来，形成更高层次的因素，直到最后形成单一的最高层次的因素。这样就构成了由最高层、若干中间层和最低层组成的层次结构模型。矿井安全等级评价模型的层次结构如图 4-4 所示。

（2）构造判断矩阵。在所建立的递阶层次结构模型中，除总目标层外，每一层都由多个元素组成，而同一层各个元素对上一层的某一元素的影响程度是不同的。这就要求我们判断同一层次的元素对上一级某一元素的影响程度，并将其定量化。构造两两比较判断矩阵就是判断与量化上述元素间影响程度大小的一种方法。从最上层元素开始，依次以上一层元素作为判断准则，对下一层元素两两比较，建立判断矩阵。

4.3.1　煤尘事故权重分析

煤尘爆炸事故是煤矿生产的主要灾害之一。其发生的频率虽不像顶板事故和机电事故那样频繁，但每次事故造成的伤亡都比较严重，波及的范围也比较广，必须予以足够的重视。

所谓煤尘爆炸，指的是悬浮于空气中的煤尘遇高温热源点燃后，随着温度和压力的升高，形成爆炸。煤尘爆炸必须具备三个条件：煤尘本身具有爆炸性；煤尘在空中处于悬浮状态，并达到一定浓度；存在高温热源。

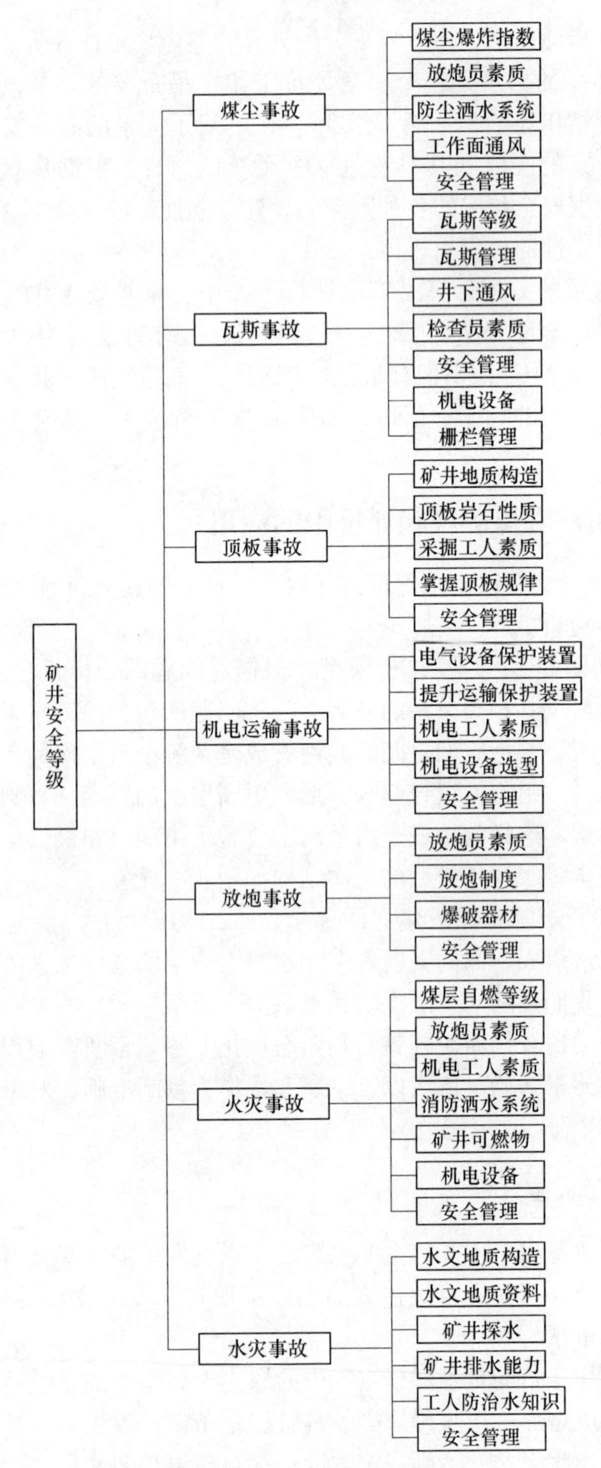

图 4-4　矿井安全等级评价模型

通过对典型煤尘爆炸事故的统计分析，得出诱发煤尘爆炸的主要因素有：煤尘爆炸指数、违章放炮、违章指挥、井下降尘洒水系统不完善、工作面风量达不到要求等。各个因素导致事故的频次（依据典型事故诱发因素的统计分析，以下统计类同），如表 4-7 所示。

表 4-7 煤尘事故分析表

事故因素	放炮员素质	降尘洒水	安全管理	工作面通风
直接（间接）	10（6）	3（8）	3（7）	1（8）

依据《煤矿安全规程》及其相关标准、规定，从理论上分析导致煤尘爆炸事故的各种危险因素，并结合对煤尘爆炸事故案例的统计分析，我们可以得出煤尘爆炸指数是矿井所采煤层的自然因素，不涉及到人、机等因素，同时它也是煤尘爆炸的主导因素，因此它在煤尘爆炸事故指标体系中是必要因素。依据理论和实例的分析结果，构建了煤矿煤尘爆炸事故评价指标体系，其结构及相互关系，见图 4-5。

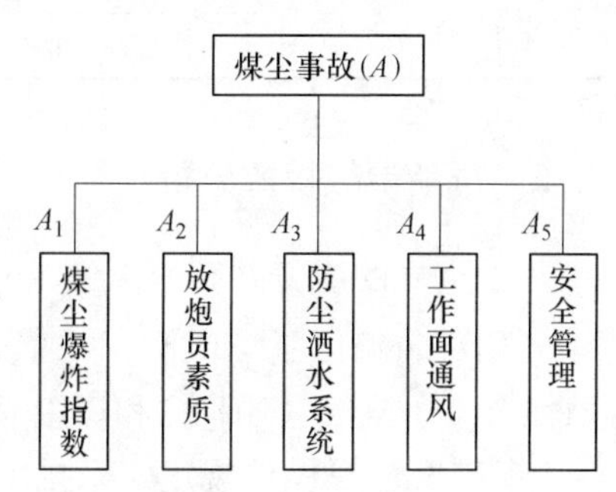

图 4-5 煤尘爆炸事故评价指标体系

综合分析各个指标的影响因素以及煤尘事故的特点，通过层次分析法计算各指标的权重（由层次分析法计算），并确定相应的评分标准。以此建立煤矿煤尘爆炸事故检查表，如表 4-8 所示。

评分标准的计算方法：如果权重计算结果依次为 0.64、0.26、0.10，则评分标准的取值为 $(1-0.64)\times100=36$、$(1-0.26)\times100=74$、$(1-0.10)\times100=90$，以下类同。

表 4-8 煤尘爆炸事故检查表

序号	评价因子	矿井实际状况	权重	取值
1	煤尘爆炸指数	煤尘爆炸指数大于 40%	0.64	36
		煤尘爆炸指数大于 25%	0.26	74
		煤尘爆炸指数大于 10%	0.1	90
2	放炮员素质	工作面放炮过程中存在“三违”现象	0.56	44
		有的放炮员未经专业培训，或抽查中有 5%~10%不及格	0.26	74
		由于操作的原因，造成 5%~10%的瞎炮率	0.12	88
		放炮作业符合作业规程要求	0.06	94

续表 4-8

序号	评价因子	矿井实际状况	权重	取值
3	防尘洒水系统	没有防尘系统	0.56	44
		防尘系统不健全，爆破前后没有降尘措施	0.26	74
		防尘系统完善，但未采用湿式打眼	0.12	88
		有完善的防尘系统，采用湿式打眼	0.06	94
4	工作面通风	工作面没有安设局部通风设备	0.64	36
		风机选型不合格，（风量过大或过小）	0.26	74
		风量满足要求	0.1	90
5	安全管理	技术人员违章指挥	0.64	36
		贯彻安全规程，没有技术人员现场指导	0.26	74
		认真贯彻规程，并有技术人员现场指导	0.1	90

4.3.2 瓦斯事故权重分析

井下空气的成分共有：氧气（O_2）、甲烷（CH_4）、二氧化碳（CO_2）、一氧化碳（CO）、硫化氢（H_2S）、二氧化硫（SO_2）、氮气（N_2）、二氧化氮（NO_2）、氢气（H_2）、氨气（NH_3）和煤尘等。

《煤矿安全规程》规定，采掘工作面进风流中，按体积计算，氧气不得低于20%，二氧化碳不得超过0.5%。除氧气以外的其余九种气体和煤尘，当其超过某一浓度值时，对人体都是有害的，必须把它们降低到没有危险的程度。其中一氧化碳（CO）、硫化氢（H_2S）、二氧化硫（SO_2）、二氧化氮（NO_2）四种气体还能使人中毒，称之为有毒、有害气体。所以广义地讲，所谓“矿井瓦斯”是指井下以甲烷（CH_4）为主的有毒、有害气体的总称。矿井瓦斯具有燃烧性、爆炸性和有毒性。瓦斯爆炸是一种危害性极大的灾害，它的发生将严重危及矿井生产和井下工人的生命安全。有毒、有害气体直接影响工人的身体健康直至使人窒息死亡。所以，矿井瓦斯事故是煤矿安全生产的大敌之一，应严加预防，杜绝此类事故的发生。

矿井瓦斯事故显现的方式有：

（1）爆炸或燃烧；

（2）煤与瓦斯突出；

（3）窒息；

（4）中毒。

通过对典型瓦斯事故的统计分析，得出诱发瓦斯事故的主要因素有：瓦斯管理制度、瓦斯检查员素质、井下通风、机电设备失爆率、栅栏管理和矿井安全管理等。各个因素导致事故的频次，如表 4-9 所示。

表 4-9 瓦斯事故分析表

事故因素	瓦斯管理制度	井下通风	检查员素质	安全管理	机电设备失爆率	栅栏管理
直接（间接）	7（5）	4（4）	3（4）	0（5）	0（3）	0（1）

依据《煤矿安全规程》及其相关标准、规定，从理论上分析导致瓦斯事故的各种危险因素，结合对瓦斯事故案例的统计分析，我们可以得出瓦斯等级与矿井所采煤层的成因和赋存情况有关，不涉及人、机电和环境等因素，它是诱发瓦斯事故的主导因素。因此，它在瓦斯事故指标体系中是必要因素。依据理论和实例的分析结果，构建了煤矿瓦斯事故评价指标体系，其结构及相互关系，见图 4-6。

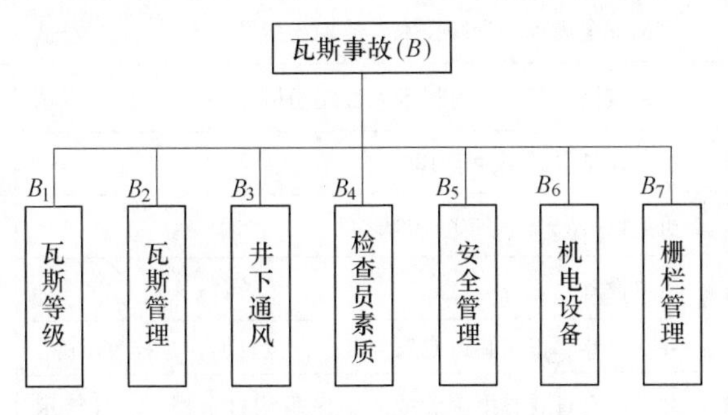

图 4-6 瓦斯事故评价指标体系

综合分析各个指标的影响因素以及瓦斯事故的特点，通过层次分析法计算各指标的权重，并确定相应的评分标准，建立了煤矿瓦斯事故检查表，如表 4-10 所示。

表 4-10 瓦斯事故检查表

序号	评价因子	矿井实际状况	权重	取值
1	瓦斯等级	煤与瓦斯突出矿井或矿井火区管理不完善	0.64	36
		高瓦斯矿井或矿井存在火区	0.26	74
		低瓦斯矿井	0.10	90
2	瓦斯管理	瓦斯管理制度混乱（瓦斯检查制度、局部风机管理制度等有一条不符合规定）	0.56	44
		瓦斯管理制度完善，但有部分条款不符合瓦斯管理制度	0.26	74
		瓦斯管理制度完善，符合《煤矿安全规程》的要求，但有少数次要项目不落实	0.12	88
		全部符合规定	0.06	94
3	井下通风	没有形成独立、完善的通风系统	0.64	36
		矿井有完善的通风系统，但局部风量达不到要求	0.26	74
		井下通风网络完善，风量满足要求	0.10	90

续表 4-10

序号	评价因子	矿井实际状况	权重	取值
4	检查员素质	检查未培训就上岗，有填假瓦斯日报等违规行为	0.56	44
		检查员有未经培训就上岗者，或检查员在检测中有漏检现象	0.26	74
		全员经过培训，但考核当中有5%~10%不及格	0.12	88
		瓦斯检查员全部培训，责任心强，素质好	0.06	94
5	安全管理	技术人员违章指挥	0.64	36
		贯彻安全规程，没有技术人员现场指导	0.26	74
		认真贯彻规程，并有技术人员现场指导	0.10	90
6	机电设备	机电设备失爆率大于10%	0.64	36
		机电设备失爆率在0~10%之间	0.26	74
		机电设备完好	0.10	90
7	栅栏管理	井下盲巷、报废巷道或采空区存在没打栅栏、挂警示牌	0.64	36
		井下所有盲巷、报废巷或采空区虽均打上栅栏、挂警示牌，但质量不符合有关规定	0.26	74
		井下所有盲巷、报废巷或采空区均打上栅栏、挂警示牌，且质量符合规定，并定期检查	0.10	90

4.3.3　顶板事故权重分析

在井下采、掘、维护过程中，由于矿山压力或支护不当造成的冒顶、片帮、顶板掉矸、顶板支护垮倒等统称顶板事故。它在煤矿七大事故中最常见、最频繁、涉及范围最广。

顶板事故按冒顶范围大小可分为局部冒顶和压垮型大面积冒顶。在局部矿山压力（多为直接顶或伪顶）作用下，由于局部空帮、空顶或支护不当、不及时造成煤、岩局部垮落的事故叫局部冒顶。大面积冒顶是因矿山压力过大，主要是直接顶或老顶来压时，由于支护密度不够，顶板沉降不均衡造成支架断裂、垮塌，使采、掘、维护工作面大面积垮落的事故，称为压垮型大面积冒顶。大面积冒顶事故与矿山压力过大联系密切。

通过对典型顶板事故的统计分析，得出诱发顶板事故的主要因素有：矿井地质构造、顶板岩石性质、工人技术素质差、顶板压力规律掌握不详、管理人员水平低等。各个因素导致事故的频次，如表 4-11 所示。

表 4-11 顶板事故分析表

事故因素	违章作业	掌握顶板规律	安全管理
直接（间接）	14（15）	5（8）	3（10）

依据《煤矿安全规程》及其相关标准、规定，从理论上分析导致顶板事故的各种危险因素，结合对顶板事故的统计分析，我们可以得出地质构造、顶板岩石性质两个矿井自然因素是不随人、机等外界因素而改变的。目前顶板事故是国内煤矿发生最频繁的一类事故，而发生顶板事故的矿井其地质构造都极其复杂，顶板岩石性质也极不稳定，因此这两个因素在顶板事故指标体系中是必要因素。依据理论和实例的分析结果，构建了煤矿顶板事故评价指标体系，其结构及相互关系，见图 4-7。

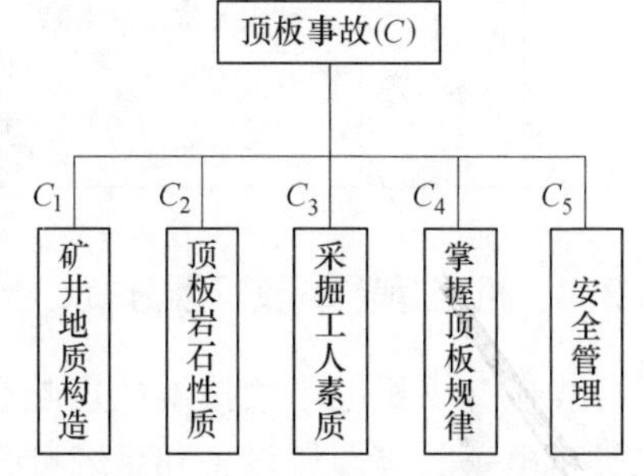

图 4-7 顶板事故评价指标体系

综合分析各个指标的影响因素以及顶板事故的特点，通过层次分析法计算各指标的权重，并确定相应的评分标准，建立了煤矿顶板事故检查表，如表 4-12 所示。

表 4-12 顶板事故检查表

序号	评价因子	矿井实际状况	权重	取值
1	矿井地质构造	矿井地质构造复杂程度属第Ⅲ、Ⅳ类	0.56	44
		矿井地质构造复杂程度属第Ⅱ类	0.26	74
		矿井地质构造复杂程度属第Ⅰ类	0.12	88
		井田范围内无断层、无褶皱、无陷落柱	0.06	94
2	顶板岩石性质	直接顶属于不稳定或坚硬顶板，或老顶周期来压显现极强烈	0.56	44
		直接顶属于中等稳定，老顶周期来压显现强烈	0.26	74
		直接顶稳定，或老顶周期来压显现明显	0.12	88
		属于易控制顶板	0.06	94
3	采掘工人素质	采掘过程中存在“三违”现象	0.56	44
		没有经过专业培训，不了解顶板来压征兆	0.26	74
		部分工人培训不合格	0.12	88
		工人培训合格，能掌握顶板来压的征兆	0.06	94

续表 4-12

序号	评价因子	矿井实际状况	权重	取值
4	掌握顶板规律	没有矿压观测资料，作业规程中支架选型没有科学依据	0.64	36
		掌握了无断层、无褶皱影响下的压力规律，但地质情况复杂的情况，技术措施没有科学依据	0.26	74
		顶板管理水平高，基本能控制顶板冒落	0.1	90
5	安全管理	技术人员违章指挥	0.64	36
		贯彻安全规程，没有技术人员现场指导	0.26	74
		认真贯彻规程，并有技术人员现场指导	0.1	90

4.3.4 机电运输事故权重分析

煤矿井下机电事故按事故影响程度可分为：重大机电事故，一般机电事故，二类机电事故等。按设备和系统可分为：机械事故、电气事故、运输事故、其他事故等。按事故责任可分为：由于生产单位人员过失引起的事故，由于其他单位人员过失引起的事故，由于自然灾害的原因引起的事故等。对于目前煤矿来讲，主要就是违章超提、斜井跑车、触电等。

通过对典型机电运输事故的统计分析，得出诱发机电运输事故主要因素有：运输设备和机电设备保护装置失效、机电工人素质低、机电设备选型不合格、管理人员违章指挥等，各个因素导致事故的频次，如表 4-13 所示。

表 4-13 机电运输事故分析表

事故因素	机电工人素质	机电设备选型	安全管理
直接（间接）	10（12）	7（4）	4（13）

在煤矿生产过程中，为了减少电气设备和提升运输设备造成的人员伤亡，井下电气设备必须安设接地、过流、短路三大保护装置，提升运输设备也要按规定安装综合保护装置。矿井生产中的大多数机电运输事故都是由于井下电气设备和提升运输设备保护失效，而由工人误操作造成的。依据《煤矿安全规程》及其相关标准、规定，电器设备保护和提升运输设备保护是杜绝事故发生的基本保障，因此，其在机电运输事故评价指标体系中是必要因素。依据理论和实例的分析结果，构建了煤矿机电运输事故评价指标体系，其结构及相互关系见图 4-8。

综合分析各个指标的影响因素以及机电运输事故的特点，通过层次分析法计算各指标的权重，并确定相应的评分标准，建立了煤矿机电运输事故检查表，如表 4-14 所示。

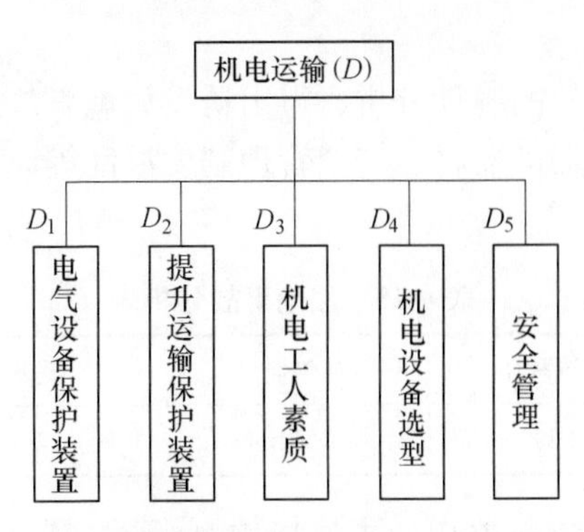

图 4-8 机电运输事故评价指标体系

表 4-14 机电运输事故检查表

序号	评价因子	矿井实际状况	权重	取值
1	电气设备保护装置	电气设备三大保护装置不齐全	0.64	36
		电气设备三大保护装置齐全，但没有定期检验记录	0.26	74
		电气设备三大保护装置齐全、完好，并定期检验	0.1	90
2	提升运输保护装置	没有各种保护装置	0.64	36
		提升运输设备各种保护齐全，部分不完好	0.26	74
		提升运输设备各种保护齐全，且完好可靠	0.1	90
3	机电工人素质	机电工人操作中有“三违”现象，或未经培训就上岗	0.56	44
		机电工人工龄在1年以下的占0~30%，或无签到，无记录	0.26	74
		机电工人当中经过了专业培训，但在抽查中有5%~10%的不及格，或无证上岗现象	0.12	88
		符合规程要求	0.06	94
4	机电设备	部分设备选型达不到设计要求	0.64	36
		设备符合设计要求，但无定期检验	0.26	74
		完全符合设计要求，且定期检验	0.1	90
5	安全管理	技术人员违章指挥	0.64	36
		贯彻安全规程，没有技术人员指导	0.26	74
		认真贯彻规程，并有技术人员指导	0.1	90

4.3.5 放炮事故权重分析

火工品领取登记、运输，到井下放炮，都涉及爆破器材安全监督管理工作。由于没有严格执行《煤矿安全规程》、《爆破作业规程》等规定而造成的意外爆炸事故，称为放炮事故。

通过对典型放炮事故的统计分析，得出诱发放炮事故的主要因素有：放炮员技术素质、放炮制度、爆破器材、安全管理制度混乱等。各个因素导致事故的频次，如表 4-15 所示。

表 4-15 放炮事故分析表

事故因素	放炮员素质	放炮制度	爆破器材	安全管理
直接（间接）	9（7）	3（10）	2（4）	0（11）

收集材料中的多数放炮事故的直接原因是放炮员未经专业培训，违规操作引起的伤亡事故。依据《煤矿安全规程》及其相关标准、规定和对事故案例的统计分析，构建了煤矿放炮事故评价指标体系，其结构及相互关系，见图 4-9。

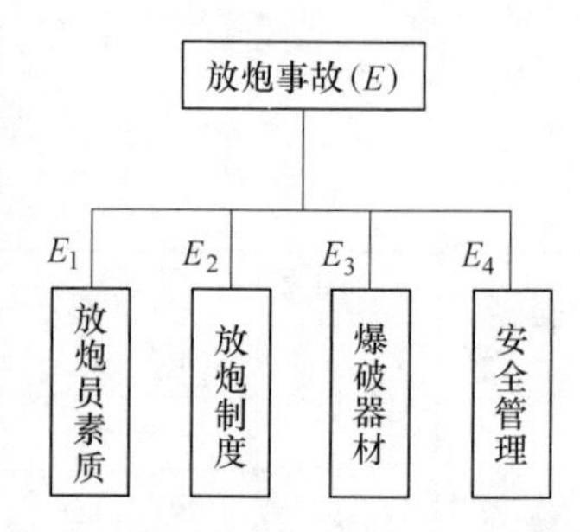

图 4-9 放炮事故评价指标体系

综合分析各个指标的影响因素以及放炮事故的特点，通过层次分析法计算各指标的权重，并确定相应的评分标准，建立了煤矿放炮事故检查表，如表 4-16 所示。

表 4-16 放炮事故检查表

序号	评价因子	矿井实际状况	权重	取值
1	放炮员素质	未经过专业培训	0.64	36
		经过专业培训，工龄在 1 年以下	0.26	74
		经过专业培训，工龄在 1 年以上	0.1	90
2	放炮制度	放炮管理制度混乱（警戒线管理、放炮信号一条不符合规定）	0.64	36
		放炮管理制度完善，但有部分条款不符合放炮管理制度	0.26	74
		全部符合规定，并认真落实	0.1	90
3	爆破器材	爆破器材不合格，如规格不同，炸药失效	0.64	36
		爆破器材符合要求，但支领、管理制度混乱	0.26	74
		爆破器材符合要求，管理制度完善	0.1	90
4	安全管理	技术人员违章指挥	0.64	36
		贯彻安全规程，没有技术人员指导	0.26	74
		认真贯彻规程，并有技术人员指导	0.1	90

4.3.6 火灾事故权重分析

火灾事故是煤矿生产的主要灾害之一。火灾产生的大量有毒、有害气体能严重危及井下工人的生命安全，大火能燃烧井下的设备、材料，煤炭的燃烧及防火煤柱的损失使资源受到严重损失，回采煤量长期封闭在隔绝区内不能开采。在有瓦斯、煤尘突出危险的矿井中发生火灾，往往会引起瓦斯爆炸，扩大灾害范围。另外，矿井火灾的灭火费用，巷道的修复费用，火灾后采掘停产而造成矿井减产以及火灾引起工人心理恐慌都会导致生产效率降低。因此，在煤矿生产中，一定要严防火灾的发生。

通过对典型火灾事故的统计分析，得出诱发火灾事故的主要因素有：煤层自燃等级、放炮员素质、机电工人素质、井下消防洒水系统、矿井可燃物、机电设备失爆率和安全管理制度混乱等。各个因素导致事故的频次，如表 4-17 所示。

表 4-17 火灾事故分析表

事故因素	放炮员素质	机电工人素质	消防洒水系统	矿井可燃物	机电设备失爆率	安全管理
直接（间接）	4（5）	2（3）	1（6）	1（2）	0（5）	0（4）

依据《煤矿安全规程》及其相关标准、规定，从理论上分析导致火灾事故的各种危险因素，结合对火灾事故的统计分析，我们可以得出煤层自燃是矿井所采煤层的自然属性。煤层自燃等级可分为：Ⅰ类易自燃煤层、Ⅱ类自燃煤层和Ⅲ类不易自燃煤层，它是通过实验设备分析得来的。另外，各个煤层的发火期也有不同，有的煤层发火期有七八个月，有的只有半个月。因此，煤层自燃等级在火灾评价指标体系中是必要因素。依据理论和实例的统计分析，构建了煤矿火灾评价指标体系，其结构及相互关系，见图 4-10。

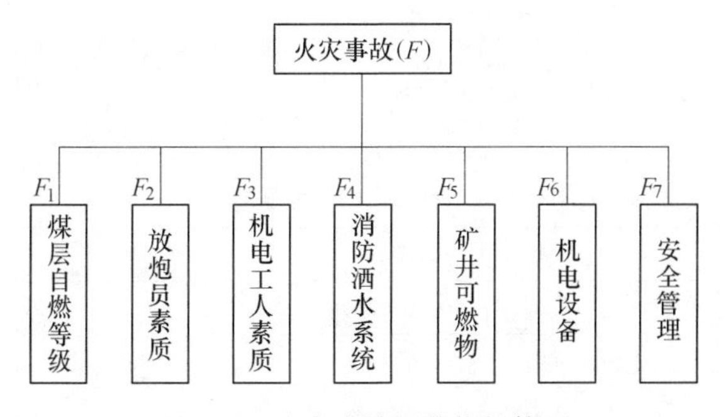

图 4-10 火灾事故评价指标体系

综合分析各个指标的影响因素以及火灾事故的特点，通过层次分析法计算各指标的权重，并确定相应的评分标准，建立了煤矿火灾事故检查表，如表 4-18 所示。

表 4-18　火灾事故检查表

序号	评价因子	矿井实际状况	权重	取值
1	煤层自燃等级	煤层属于Ⅰ类易自燃煤层	0.64	36
		煤层属于Ⅱ类自燃煤层	0.26	74
		煤层属于Ⅲ类不易自燃煤层	0.1	90
2	机电工人素质	机电工人操作中有“三违”现象，或未经培训就上岗	0.56	44
		机电工人工龄在1年以下的占0~30%，或无签到，无记录	0.26	74
		机电工人当中经过了专业培训，但在抽查中有5%~10%的不及格，或无证上岗现象	0.12	88
		符合规程要求	0.06	94
3	放炮员素质	工作面放炮过程中存在“三违”现象	0.56	44
		有的放炮员未经专业培训，或抽查中有5%~10%不及格	0.26	74
		由于操作的原因，造成5%~10%的瞎炮率	0.12	88
		放炮作业符合作业规程要求	0.06	94
4	消防洒水系统	井下没有消防洒水系统	0.64	36
		井下消防洒水系统部分损坏，水量达不到要求	0.26	74
		井下消防洒水系统完好，水量充足	0.1	90
5	矿井可燃物	使用的井巷支护材料违反《煤矿安全规程》有关规定，或乱扔棉纱等可燃物	0.56	44
		井巷支护材料部分违反《煤矿安全规程》有关规定，或时有乱扔棉纱等可燃物现象	0.26	74
		井巷支护材料完全符合《煤矿安全规程》有关规定，没有乱扔棉纱等可燃物现象	0.12	88
		井巷支护材料完全符合《煤矿安全规程》有关规定，用过的棉纱等可燃物能放在盖严的铁桶里	0.06	94
6	机电设备	机电设备失爆率大于10%	0.64	36
		机电设备失爆率在0~10%之间	0.26	74
		机电设备完好	0.1	90
7	安全管理	技术人员违章指挥	0.64	36
		贯彻安全规程，没有技术人员指导	0.26	74
		认真贯彻规程，并有技术人员指导	0.1	90

4.3.7 水灾事故权重分析

水灾事故是指进入矿井的地表水（包括工业用水）和地下水（包括老空水、地质水等）造成的事故。

造成水灾事故的主要原因：矿井水文地质条件不详；防止水害的意识差，采取的防、排水措施不当；投入不足，不具备足够的防、排水设施；操作、管理人员素质低，对透水前预兆识别能力差，容易误判、错判；探放水不符合要求。

通过对典型水灾事故的统计分析，得出诱发水灾事故的主要因素有：矿井水文地质条件、矿井掌握的水文地质资料、探放水制度、矿井排水能力、井下工人防治水知识和安全管理等。各个因素导致事故的频次，如表 4-19 所示。

表 4-19 水灾事故分析表

事故因素	水文资料	矿井探水	矿井排水	工人防治水知识	安全管理
直接（间接）	2（5）	2（3）	2（1）	0（5）	0（4）

依据《煤矿安全规程》及其相关标准、规定，矿井水文地质条件是井下的自然条件，而水文地质条件复杂的矿井也是水灾事故多发矿井，因此，水文地质条件在水灾评价指标体系中是必要因素。依据对上述危险因素的分析，构建了煤矿水灾事故评价指标体系，其结构及相互关系，见图 4-11。

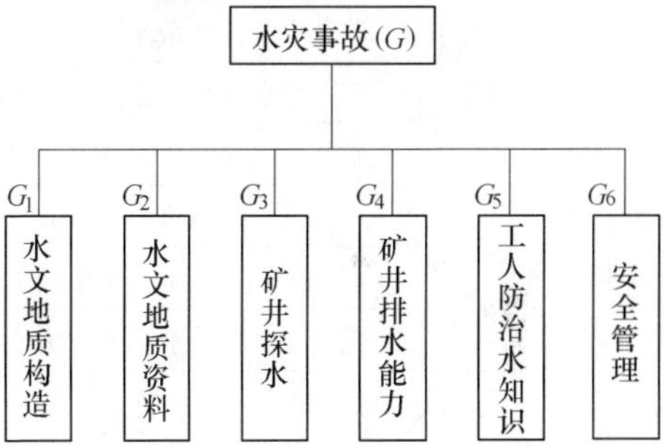

水灾事故(G)

G_1 水文地质构造　G_2 水文地质资料　G_3 矿井探水　G_4 矿井排水能力　G_5 工人防治水知识　G_6 安全管理

图 4-11 水灾事故评价指标体系

综合分析各个指标的影响因素以及水灾事故的特点，通过层次分析法计算各指标的权重，并确定相应的评分标准，建立了煤矿水灾事故检查表，如表 4-20 所示。

表 4-20 水灾事故检查表

序号	评价因子	矿井实际状况	权重	取值
1	水文地质构造	矿井水文地质极复杂，或矿井周边老窑多并有突水危险	0.56	44
		水文地质复杂，或周边有小煤窑开采	0.26	74
		水文地质中等，或周边有小煤窑开采	0.12	88
		水文地质构造简单，周边无小煤矿开采	0.06	94

续表 4-20

序号	评价因子	矿井实际状况	权重	取值
2	水文地质资料	水文地质资料和图纸不符合《矿井水文地质规程》，或没对周边小煤窑积水情况调查	0. 56	44
		水文台账不全，但有矿井涌水量观测成果台账和周边小煤窑积水台账，有已采区积水台帐	0. 26	74
		台账和图纸齐全，但管理不好，如资料丢失、不及时填写等	0. 12	88
		符合矿井水文地质规定和《煤矿安全规程》要求	0. 06	94
3	矿井探水	矿井探水计划不符合《煤矿安全规程》规定，或防探水工作不符合水文地质规程的有关规定	0. 56	44
		对有水害危险的地区有预测和探水计划，但未做到有疑必探	0. 26	74
		能做到有疑必探，但未及时研究所得的资料，未制定防水措施	0. 12	88
		符合矿井水文地质规定和《煤矿安全规程》要求	0. 06	94
4	排水能力	矿井没有排水系统	0. 64	36
		矿井排水系统不完善，排水能力不足	0. 26	74
		矿井有完善的排水系统	0. 1	90
5	工人防治水知识	工人没有学习防治水知识，对水害征兆不了解	0. 64	36
		部分工人了解防治水知识	0. 26	74
		工人了解防治水知识，熟悉水害征兆	0. 1	90
6	安全管理	技术人员违章指挥	0. 64	36
		贯彻安全规程，没有技术人员指导	0. 26	74
		认真贯彻规程，并有技术人员指导	0. 1	90

4. 3. 8　矿井安全等级评价

（1）明确评价的范围，现场收集与 7 种灾害事故有关的各种资料，重点收集与现实运行状况有关的各种资料与数据，包括涉及生产运行、设备管理、安全、技术检测等方面内容。依据生产经营单位提供的资料，按照确定的评价范围进行评价。

（2）依据收集的数据资料，用层次分析法对煤矿灾害事故评价指标体系进行处理，计算煤尘事故（A）、瓦斯事故（B）、顶板事故（C）、机电运输事故（D）、放炮事故（E）、火灾事故（F）、水灾事故（G）各项的权重值 X_i，由层

次分析法可知，

$$\sum X_i = 1$$

依据表4-21所示，7种灾害事故权重为：$X_A=0.35$、$X_B=0.24$、$X_C=0.16$、$X_D=0.10$、$X_E=0.07$、$X_F=0.05$、$X_G=0.04$。

表4-21　各种灾害事故权重

灾害类型	*A*	*B*	*C*	*D*	*E*	*F*	*G*	权重值
A	1	2	3	4	5	6	6	0.35
B	1/2	1	2	3	4	5	5	0.24
C	1/3	1/2	1	2	3	4	4	0.16
D	1/4	1/3	1/2	1	2	3	3	0.10
E	1/5	1/4	1/3	1/2	1	2	2	0.07
F	1/6	1/5	1/4	1/3	1/2	1	2	0.05
G	1/6	1/5	1/4	1/3	1/2	1/2	1	0.04

（3）综合评价结果。由7个事故检查表中各子因素的取值再乘以其权重值（A_i、B_i、C_i、D_i、E_i、F_i、G_i的权重，$i=1, 2, 3, \cdots$）得出各评价因子的最终值，各因子的最终值再乘以各种灾害指标的权重值X_i，然后相加的总分为评价总得分，最后依据这个总得分来评定矿井安全等级。

举例：参照表4-10瓦斯事故检查表，影响因素瓦斯等级、瓦斯管理、井下通风、检查员素质、安全管理、机电设备和栅栏管理的权重分别为0.35、0.24、0.16、0.1、0.07、0.05、0.04，各影响因素分别取值为74、94、74、88、90、90、74。

因此，可以给出瓦斯事故的最终值：

$$T_A = 0.35 \times (74 \times 0.35 + 94 \times 0.24 + 74 \times 0.16 + 88 \times 0.10 + 90 \times 0.07 + 90 \times 0.05 + 74 \times 0.04) T_A = 29$$

然后根据总得分T（$T=T_A+T_B+T_C+T_D+T_E+T_F+T_G$）对照安全等级划分表4-22来确定矿井安全等级。

表4-22　安全等级划分表

总得分	危险程度级别	危险程度
≤65	Ⅰ	极危险
65~≤84	Ⅱ	很危险
84~<96	Ⅲ	比较危险
96~≤100	Ⅳ	稍有危险

5 事 故 预 测

5.1 预测的基本原理

5.1.1 预测的重要意义

预测是在掌握相关信息的基础上，运用哲学、社会学、经济学、统计学、数学、计算机、工程技术及经验分析等定性定量的方法，研究事物未来发展及其运行规律，并对其各要素的变动趋势做出估计描述与分析的一门学科。科学地预言尚未发生的事物是预测的根本目的和任务，无论对于个体模拟或对于组织，在其制定规划策略等面向未来的决策过程中，预测是必不可少的重要环节，是科学决策的重要前提。依靠科学的预测，可以制定出正确的决策和规划，而轻视预测或建立在错误预测基础上做出的决策，其经济后果是相当严重的。美国是开展预测活动最早、规模最大的国家。1954 年美国大型工业公司只有 20%开展预测活动，1966 年已达到 90%，1970 年进一步达到 100%。

安全预测是根据系统运行状态现在和过去状态危险值，利用预测数学模型，来评价将来某一时刻系统的危险值，控制系统的危险增长，保证系统处于安全状态。安全预测包括事故预测，其关键是建立准确、完善的预测数学模型。

5.1.2 预测的基本原理

预测技术的发展起源于社会的需求和实践。在社会经济系统，自 20 世纪 30 年代以来，经济预测的理论和方法得到全面发展和广泛应用。20 世纪 50 年代至 70 年代是该领域研究迅速发展的时期，而 20 世纪 80 年代以来则极大地丰富了非线性预测的研究。随着社会经济系统日趋复杂，预测理论的研究者提出了大量的方法。这些方法都是建立在如下的预测基本原理之上的，它们是：可知性原理、可能性原理、连续性原理、相似性原理、可控性原理、反馈性原理、系统性原理。

（1）可知性原理。又称规律性原理，是关于预测对象服从某种发展规律的原理。它认为预测对象由于其发展规律可以被人们所掌握，因而其未来发展趋势和状况便可以被人们所知晓。人们的预测活动，无论其形式如何，都与这一原理有关。

（2）可能性原理。预测对象未来发展的趋势和状况，是在内因与外因的共同作用下出现的。它的结果具有不同的可能性，而常常不是只存在单一的可能性，但是预测对象演化到不同结果的可能性大小不同。对研究对象所做的预测，就是对它的未来发展的可能性进行预测。这一原理建立在预测对象发展变化的结果与内外因共同作用有一定关系的基础上。

（3）连续性原理。预测对象是一个连续的、统一的过程，其未来的发展是这个过程的继续。该原理强调，预测对象总是从过去发展到现在，再从现在发展到未来。

（4）相似性原理。在许多情况下，被人们作为预测和研究对象的一个事物，其现在的发展过程和发展状况往往与一个已知过去事物的一定阶段的发展过程和发展状况类似。

（5）可控性原理。作为人们预测的大量事物，其未来发展过程往往呈现出可以调节和控制的可能性。人们在考查事物发展的机制和过程时发现，把预测的未来信息传递给可以影响、调节和控制研究对象未来发展的人或其他因素，就可以通过人的行为或其他因素变化来调节和控制研究对象未来发展的目的。可控性原理就是关于预测对象的未来发展可以得到调节和控制的原理。

（6）反馈性原理。人们在预测和研究事物的未来发展趋势和发展状况时，预测结果往往和预测目的有不同差距。自由对预测依据进行反馈调节，才能缩小这种差距，做出符合活动目的的预测。

（7）系统性原理。这一原理，强调预测对象的未来发展是系统整体发展的连续，强调该对象内在与外在的系统作用，认为不考虑系统而进行的预测是一种顾此失彼的活动，将导致顾此失彼的决策。

5.1.3 预测的分类

（1）按照预测的对象，可把预测分为：

1）社会、经济发展预测。是关于社会发展问题（如人口增长，社会就业，教育发展等），宏观经济（如国民经济发展速度，工业总产值，社会消费水平等）和微观经济（主要是企业或局部经济问题）方面的预测。

2）科学技术预测。是从事对科学技术发展趋势，可能出现的科技成果、应用范围的预测，以便预先确定优先发展的科研重点并制定相应的技术政策和应用推广措施。

3）市场需求预测。是技术经济预测的一个重要方面，主要是预测国内外市场对产品品种、质量和数量的需求，以便决定产品的生产数量、产品的寿命周期和品种的更新换代等。

4）军事预测。是指武器装备发展趋势，未来战争的规模和特点，参战各方的战略目标和兵力部署，爆发战争的可能性、时间和地区，未来战争的可能结果，给人类或国家带来的影响等方面的预测。

（2）按照预测的性质，可把预测分为：

1）定性预测。一般用于数据资料不足，或不完全依靠数据资料的预测，如对技术发展和经济发展趋势等的宏观问题预测。定性预测所用的资料有的是难以定量的，有的是不完全的历史资料，所以必须通过人的主观判断来取得预测结果。人的正确的主观判断能力来源于丰富的实践经验，敏锐的洞察力和较强的综合分析能力。定性预测常用的方法有专家调查法等。

2）定量预测。它是建立在历史数据资料基础上的预测，不直接依靠人的主观判断，而是用计算得来的数据作为判断的依据。故一般定量预测的结果比定性预测的结果更可靠。定量预测常用的方法有时间序列法、因果分析法等。

3）综合预测。它是兼用定性预测和定量预测，以便使预测的结果更全面、更准确。因为任何一种方法都有一定的适用范围和局限性。

此外，可按预测时间的长短分为短期预测、中期预测和长期预测。预测期长短划分的基准是“寿命周期”，对于不同的预测对象，预测期限的划分是不一样的。一般地说，经济预测 1 年内为短期，1~3 年为中期，3~5 年以上为长期。再比如，能源预测，以常规能源被新能源接替来估计，则 1~5 年为短期，10~20 年为中期，40~50 年为长期。

5.1.4 预测技术在煤矿生产中的应用

预测技术在煤矿生产中的应用主要是围绕煤矿安全生产展开。

煤与瓦斯突出防治方面，为满足现代化生产的需要，国外在不断完善突出跟踪预测的基础上，开展了研究瓦斯突出的动态预测技术和突出危险区域预测技术。俄罗斯已建立了区域预测预报专家系统，将突出煤层划分为突出危险区（占突出煤层面积的 20%~30%）和非突出危险区（占突出煤层面积的 70%~80%），从而解放了一大片煤层，降低了防突工程量。德国应用 V_{30} 等瓦斯涌出动态参数连续预报突出，已有较成熟经验，并纳入规程。前苏联、波兰、日本、德国等产煤国，已将声发射技术应用于工作面突出预测，并已达实用化程度，目前正向自动化方向发展。这些国家针对不同突出煤层研究了相应的配套防突措施及装备。前苏联已利用声发射监测系统对采掘工艺进行随机控制，实现工作面作业的自我保护。波兰和法国已对煤层突出危险性进行了分级，实现了科学管理。

前苏联早在 20 世纪 80 年代初制定了针对不同类型矿井及煤层赋存条件与生产条件的矿井瓦斯涌出量预测规范，以法规形式规定煤层在开采时必须进行瓦斯预测工作。其他主要产煤国也研究建立适合各自国情的预测方法，如英国的艾黎（Airey）法，德国的文特（Winter）法，美国的匹茨堡矿业研究院法等。

“八五”期间，西安矿业学院在煤低温自然发火实验模拟和综放面采空区大量现场跟踪观测的基础上，根据对采空区三带划分和综放面采空区自燃主要影响因素等理论分析结果，建立了综放面自然发火动态预测模型。该预测模型技术经过大同矿务局忻州窑矿多个综放面的预测验证，其预测精度较高，能满足现场需要。但由于实际开采条件十分复杂，影响煤自燃的因素众多，该预测模型是针对大同矿区“三硬特厚”煤层综放面建立的模型，因此，它仅能预测大同矿区综放面采空区可能自燃的区域和实际发火期，适用范围较小。

在火灾防治方面，国外已开展了矿井自然发火的早期预报技术的研究，日本配合自然发火多参数连续检测预报技术将民用的气体检测技术用于矿井自然发火早期预报，已取得了初步效果。

5.2 事故预测

煤矿生产的安全问题一直是我国煤炭工业发展的制约因素，作业人员生命构成危险的关键因素，综合衡量煤矿安全性的指标——百万吨死亡率高于西方以及其他各主要产煤国家。因此，矿井安全的有效控制对生产和作业人员的安危都有重要意义。有效的管理与控制，必须有完善、可靠的过程监测，而过程控制的成功与否，取决于对煤矿安全性指标的超前把握，准确的预测是超前把握并采取有效技术和管理措施的先决条件。矿井安全性预测就是通过系统现有或过去的危险信息来预测未来的系统安全状态。因此，必须要把握宏观与微观、静态与动态的辩证关系，使得预测结果更具客观性和预见性。

尽管矿山事故的发生受矿山自然条件、生产技术水平、人员素质及企业管理水平等许多因素影响，大量的统计资料却表明，矿山事故发生状况及其影响因素是一个密切联系的整体，并且这个整体具有相对的稳定性和持续性。于是，我们可以舍弃对各种影响因素的详细分析，在统计资料的基础上从整体上预测煤矿事故发生情况的变化趋势。回归预测法是一种得到广泛应用的事故趋势性预测法，此外，指数平滑法、灰色系统预测法等方法也可用于煤矿事故发生趋势预测。

5.2.1 时间序列预测

时间序列预测法的应用始于19世纪80年代西方经济学家对资本主义经济周期的波动研究和商情预测。这种预测方法在应用中不断发展完善，逐步形成了预测学中一个有广泛应用价值的方法。它的基本原理是，从过去按时间顺序排列的数据中找出事物随时间发展的变化规律，以及推算出演变的趋势。时间序列预测常用的方法有移动平均法和指数平滑法等。

移动平均法属于平滑技术，其主要作用是数据处理，目的是消除短期偶然因素的干扰，平滑数据，借此显示出某一阶段中预测对象的长期发展趋势。移动平均预测法简单实用，但也存在着一些固有的缺点：为考虑数据距今时间长短对预测结果影响力的差别，它要求保留大量的历史数据，采用等权处理。

指数平滑法是在移动平均法的基础上发展起来的，它克服了移动平均法需要存储大量数据和对所使用的历史数据的作用等同看待的缺陷，所以应用比较广泛。书中所采用的时间序列预测法就是指数平滑法。

指数加权的基本方程为：

$$u_t = \alpha d_t + (1 - \alpha) u_{t-1} \tag{5-1}$$

式中　d_t——第 t 期的实际值；

u_t——第 t 期对下一期的预测值；

α——指数，一般取值范围 0.1~0.9。

对于指数平滑法，只要简单的改变 α 的值，便可改变指数平滑法的灵敏度以适应预测的需要。α 值越高，预测值的灵敏度越高，α 值越低则越平稳。

指数平滑法的明显的优越之处在于：

(1) 使用指数平滑法，权数值随时间递减。

(2) 只需保留少量的数据便可计算出指数加权平均值 u_t。这两个必需的数值是上期的平均值 u_{t-1}，以及本期的实际值 d_t。

第六章采用指数平滑法对矿山重伤事故、死亡事故进行预测，并对死亡事故的类型、事故频率分别进行了趋势预测，同时编制了相应的应用程序。

5.2.2 回归预测法

回归分析预测法是从预测变量和与它有关的解释变量之间的因果关系出发，来预测事物未来发展趋势的一种定量分析方法，因此，又称为因果分析预测法。回归分析预测模型按照子变量的个数，可分为一元回归分析和多元回归分析；按照因变量和自变量之间的关系，又可分为线性回归分析和非线性回归分析。多数非线性回归分析的问题都可转化为线性回归分析问题来处理。

回归分析是研究一个随机变量与另一个变量之间相关关系的数学方法。当两变量之间既存在着密切关系，又不能由一个变量的值精确地求出另一个变量的值时，这种变量间的关系叫做相关关系。设变量 x 和变量 y 具有相关关系，则它们之间的相关程度可以用相关系数 r 来描述：

$$r = \frac{L_{xy}}{\sqrt{L_{xx} \cdot L_{yy}}} \tag{5-2}$$

式中

$$L_{xy} = \sum x_i y_i - \frac{1}{n} \sum x_i \sum y_i$$

$$L_{xx} = \sum x_i^2 - \frac{1}{n} \left(\sum x_i \right)^2$$

$$L_{yy} = \sum y_i^2 - \frac{1}{n} \left(\sum y_i \right)^2$$

相关系数反映了变量 y 与 x 之间线性相关的密切程度。$|r|$ 越接近于1，就说明 y 与 x 之间线性相关程度越密切。

相关系数 r 在预测中是非常重要的度量指标（它的计算由系统的预测模块完成），通常有以下几种情况。

（1）$r=0$，在 y 与 x 之间无相关关系。

（2）$r\to+1$，在 y 与 x 之间存在强正相关，x 增加时，将引起 y 的增加。

（3）$r\to-1$，在 y 与 x 之间存在强负相关，x 增加时，将引起 y 的减少。

（4）当 $0<|r|<1$ 时，y 与 x 之间存在不同程度的线性相关关系，通常认为：

当 $0<|r|\leqslant0.3$ 时，为微弱相关；

当 $0.3<|r|\leqslant0.5$ 时，为低度相关；

当 $0.5<|r|\leqslant0.8$ 时，为显著相关；

当 $0.8<|r|\leqslant1$ 时，为高度相关。

当 x 与 y 之间线性相关时，可用一直线方程来描述：

$$\hat{y}=a+bx \tag{5-3}$$

根据变量的观测值求得该直线方程的过程叫回归，其关键在于确定方程的参数 a 和 b。

根据最小二乘法原理，使平方和最小的直线是最好的。由式（5-3），可把平方和写成如下形式：

$$\sum(y_i-\hat{y}_i)^2=\sum(y_i-a-bx_i)^2 \tag{5-4}$$

把该式对 a，b 分别求偏导数并令其为零，经整理得

$$b=\frac{L_{xy}}{L_{xx}} \tag{5-5}$$

$$a=\bar{y}-b\bar{x} \tag{5-6}$$

式中
$$\bar{x}=\frac{1}{n}\sum_{i=1}^{n}x_i$$

$$\bar{y}=\frac{1}{n}\sum_{i=1}^{n}y_i$$

根据回归分析得到的直线方程，按外推方式可以求出对应于任意 $x(x>x_n)$ 的 $\hat{y}$ 的预测值，由于变量 x 与 y 之间不是确定的函数关系而是相关关系，所以实际的 y 不一定恰好在回归直线上，应该处在直线两侧的某一区间内。可以证明当置信度为 $(1-\alpha)$ 时，预测区间为 $(\hat{y}-\delta(x),\ \hat{y}+\delta(x))$。其中

$$\delta(x)=t_\alpha(n-2)\cdot S\cdot\sqrt{1+\frac{1}{n}+\frac{(x-\bar{x})^2}{L_{xx}}} \tag{5-7}$$

式中　$t_{\alpha}(n-2)$——t 分布值；

S——剩余标准差，$S=\sqrt{\dfrac{\sum (y_i-\hat{y}_i)^2}{n-2}}$。

由上式可以看出，随着 x 远离 $\bar{x}$，预测区间变宽而预测精度降低。

矿山伤亡事故回归预测。

矿山伤亡事故发生状况随时间的推移而变化，会呈现出某种统计规律性。一般来说，随着矿山生产技术的进步，劳动条件的改善及管理水平的提高，矿山安全程度不断提高而伤亡事故发生率逐渐降低。国内外大量的统计资料表明，矿山伤亡事故发生率逐年变化的规律可以表达为

$$\hat{y}=a\mathrm{e}^{bx} \tag{5-8}$$

式中　$\hat{y}$——伤亡事故发生率；

x——时间，这里取年度值。

把式两端取对数，并令 $\hat{y}_0=\ln\hat{y}$，$a_0=\ln a$，则得直线方程

$$\hat{y}_0=a_0+bx \tag{5-9}$$

于是，根据历年矿山伤亡事故数据可以进行回归预测。经过线性回归求得对应 x 的 $\hat{y}_0$ 的预测值，以及置信度（$1-\alpha$）的预测区间（$\hat{y}_0-\delta(x)$，$\hat{y}_0+\delta(x)$）之后，尚需把它们还原为真正的预测值及预测区间：

$$\hat{y}_0=\mathrm{e}^{\hat{y}_0}，(\mathrm{e}^{\hat{y}_0-\delta(x)},\ \mathrm{e}^{\hat{y}_0+\delta(x)}) \tag{5-10}$$

5.2.3　灰色系统预测

部分信息已知、部分信息未知的系统称为灰色系统。矿井安全系统是灰色系统，可以应用灰色预测理论和方法解决安全预测问题。

（1）灰色模型。灰色模型（gray model）简称 GM 模型，是灰色系统理论的基本模型，也是灰色控制理论的基础。它是以灰色模块（所谓模块是时间数列 $X^{(m)}$ 在时间数据平面上的连续曲线或逼近曲线与时间轴所围成的区域）为基础，以微分拟合法建立的模型。在灰色模块中，由预测值上界和下界所夹的部分称为灰色平面（简称灰平面），这个灰平面的大小是由各个未来时刻预测值的灰区间所决定的。因此，它由原点（现在时刻）向未来时刻呈喇叭形展开，即未来时刻越远，预测值灰区间就越大。这样，模型对系统的刻画将因时间的逐渐外推而逐渐失真。为此，灰色系统理论提出了一系列调整和修正模型的方法，从而提高了模型的精度。

概括地说，灰色模型具有如下特点：

1）建模所需信息较少，通常只要有 4 个以上的数据即可建模；

2）不必知道原始数据分布的先验特征，对无规则或服从任何分布的任意光滑离散的原始序列，通过有限次的生成即可转化成有规序列；

3）建模的精度较高，可保持原系统的特征，能较好地反映系统的实际情况。

（2）数据处理。灰色系统在建模时，必须采取一定的方式对原始数据进行生成处理，使生成数据变成有规序列。数据生成有两个目的：

1）为建模提供中间信息；

2）弱化原随机序列的随机性。

（3）煤矿事故灰色预测模型的建立。对于等时距（1991～2000年）获得的煤矿伤亡事故原始数据

$$x^{(0)} = \{x^{(0)}(1),\ x^{(0)}(2),\ x^{(0)}(3),\ \cdots,\ x^{(0)}(n)\}$$

为基础数据，进行一次累加生成处理：

$$x^{(1)}(k) = \sum_{j=1}^{k} x^{(0)}(j) \qquad k = 1,\ 2,\ \cdots,\ n$$

以生成数列 $x^{(1)}$ 为基础建立灰色微分方程

$$\mathrm{d}x^{(1)}/\mathrm{d}t + ax^{(1)} = b$$

称为一阶一个变量模型，即GM（1，1）模型，式中 a 和 b 为待辨识常数，设参数向量 $a = [a,\ b]^T$，取 $Y_N = \{x^{(0)}(2),\ x^{(0)}(3),\ x^{(0)}(4),\ \cdots,\ x^{(0)}(n)\}$，

$$B=\begin{bmatrix} -z(2) & 1 \\ -z(3) & 1 \\ \cdots & 1 \\ \cdots & 1 \\ \cdots & 1 \\ -z(n) & 1 \end{bmatrix}$$

$$z(1)(k) = 1/2[x^{(1)}(k)+x^{(1)}(k-1)] \qquad k=2,\ 3,\ 4,\ \cdots,\ n$$

由下式求得参数向量 $\hat{a}$ 的最小二乘解

$$\hat{a} = (B^T \cdot B)^{-1} \cdot B^T \cdot Y_N$$

GM（1，1）模型的离散响应方程为：

$$\hat{x}^{(1)}(k + 1) = (x^{(0)}(1) - b/a) \cdot e^{-a \cdot k} + b/a$$

将 $\hat{x}^{(1)}(k + 1)$ 值再作一次累减还原计算可以得原始数据 $x(0)(k + 1)$ 的拟合值 $\hat{x}^{(0)}(k + 1)$，即

$$\hat{x}^{(0)}(k + 1) = \hat{x}^{(1)}(k + 1) - \hat{x}^{(1)}(k) \qquad k = 1,\ 2,\ 3,\ \cdots,\ n$$

（4）模型精度的检验。上述模型建立以后还不能最终肯定它就能反映序列的客观规律，需要对其进行诊断性检验，这里采用残差检验。设 i 时刻的残差为

$\varepsilon^{(0)}(i)$，则：

$$\varepsilon^{(0)}(i) = | x^{(0)}(i) - \hat{x}^{(0)}(i) |$$

其中，$x^{(0)}(i)$ 为原始序列，$\hat{x}^{(0)}(i)$ 为预测得到的序列。

残差均值：$\bar{\varepsilon} = \frac{1}{k}\sum_{i=1}^{k}\varepsilon^{(0)}(i)$ ；

残差方差：$s_1^2 = \frac{1}{k}\sum_{i=1}^{k}(\varepsilon^{(0)}(i) - \bar{\varepsilon})^2$；

原始数列均值：$\bar{x} = \frac{1}{k}\sum_{i=1}^{k}x^{(0)}(i)$ ；

原始数列方差：$s_2^2 = \frac{1}{k}(x^{(0)}(i) - \bar{x})^2$；

检验指标：$c = \frac{s_1}{s_2}$ 。

按照上述指标 c ，有精度检验等级表如表 5-1 所示。

表 5-1　精度检验指标

预测精度等级	c
好	<0.35
合格	<0.5
勉强	<0.65
不合格	≥0.65

c 越小越好，c 小表示 s_1 相对 s_2 来说要小，s_1 表示预测误差离散性小，s_2 大表明数据的离散性较大，若原始数据离散性尽管大，而预测值离散性仍然相对较小，则预测结果显然是好的。

5.3　动态安全评价

安全评价以安全分析为基础，分析事故因素及其相互作用，找出关键性的危险源或危险源组合，预测事故的危险性，为预防事故、优化安全措施和提高安全投资效益提供科学依据。安全评价结果反映了安全生产状况，尤其是安全评价与安全责任制相结合，使安全责任制科学化，对各级领导加强安全管理，改善生产安全状况，具有经常性的督促作用。

目前安全评价基本上是静态安全评价，一般用定期（年度）千人死亡率、千人重伤率和事故经济损失等统计指标来评价各个企业的安全生产状况的好坏，只要统计资料真实，评价指标合理，静态安全评价是有重要作用的。但作为行业的安全管理和企业内部的安全监督，这样的静态安全评价显然还不够，因为具体的生产过程及其组织过程、危险因素及其作用、生产任务及其危险程度都是动态的，静态安全评价不能动态地分析危险因素对生产状况的影响，也就很难客观评价安全工作的效果。结合模糊数学综合评价理论，构建煤矿安全评价指标体系、评价模型和趋势分析模型，提出基于趋势变量 $K\Delta t$ 的煤矿动态安全评价方法，克服了煤矿灾害系统静态安全评价的局限性，进一步发挥安全评价对风险预测、事故预防和提高安全管理水平的重要作用，为煤矿下一步的安全管理和事故预防提供了理论支持。

5.3.1 煤矿灾害系统特点

煤矿灾害系统是一个由地质条件、采动控制、人—机—环境等复杂性与相互作用的灾害系统。它是在地下进行的生产活动，在空间上呈立体分布、空间随时间动态发展的地下生产系统，其运行过程及状态具有明显的非线性动力学特征，如动态性、不确定性、随机性、模糊性、灾害系统的相关性、时间上的不可逆性、线路上的多重因果反馈环、致灾因子危险状态对所处环境的依托性以及危险物质存在状态的系统常规性与局部偶然性等。因此，煤矿灾害系统变量之间的关系十分复杂，目前难以用确切的数学方程来描述。

5.3.2 评价指标体系

评价指标体系是以系统工程理论为基础建立的，矿井安全等级为目标层，各种灾害事故为措施层，如瓦斯事故、水灾事故以及顶板事故等。各种事故按其隶属关系和权重排序（评价因子权重采用比较矩阵确定）。

通过对近年来煤矿典型灾害事故的统计分析，结合目前国内煤矿安全生产现状，把这些事故归类总结，确定了影响矿井安全的 7 种主要事故，其几乎涵盖了煤矿井上下生产系统的所有环节：

（1）煤尘事故（A）；

（2）瓦斯事故（B）；

（3）顶板事故（C）；

（4）机电运输事故（D）；

（5）放炮事故（E）；

（6）火灾事故（F）；

（7）水灾事故（G）。

根据各种灾害事故的特点和发生频率构建了煤矿安全评价指标体系，其结构及相互关系见图 5-1。

5.3.3 动态安全评价方法

由于安全是一个相对的概念，在安全与不安全之间存在着模糊的界限，而且

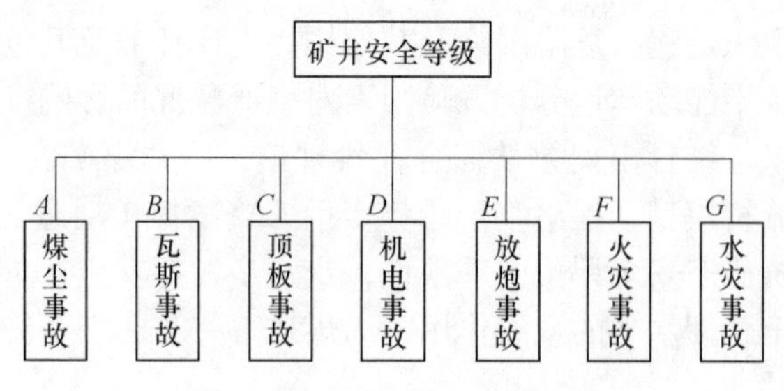

图 5-1　煤矿安全评价指标体系

煤矿安全状况受许多因素的影响，因此，选取模糊综合评价法作为煤矿安全评价的模型。

(1) 模糊综合评价理论：

1）综合评价子目标集。根据系统安全状况的评价子目标构成综合评价子目标集，即：

$$U = \{U_1, U_2, \cdots, U_m\}$$

2）评价子目标权重分配。根据层次分析法计算结果，建立权重分配集，即：

$$A = \{a_1, a_2, \cdots, a_m\}$$

权重分配集具有如下特征：

①A 中各指标权重均为大于 0，且小于等于 1，即 $0<a_i \leqslant 1$。

②集合 A 中各指标权重代数和等于 1，即 $\sum_{i=1}^{m} a_i = 1$。

3）评价结果求解。设评语集 $V = \{v_1, v_2, \cdots, v_n\}$ 是有限集，评价子目标集 $U = \{U_1, U_2, \cdots, U_m\}$，单因素 U_i 的评判结果是 V 上的 Fuzzy 集，对确定的 U_i，可用 $\{w_{i1}, w_{i2}, \cdots, w_{ij}\}$ 表示，其中 w_{ij} 表示对于第 i 个因素 U_i 获得的第 j 个评语的隶属度。当每个因素都评定之后，就可获得矩阵 $\boldsymbol{R} = (w_{ij})m \times n$，称评判矩阵。它是 U 到 V 上的 Fuzzy 关系，由于各因素对整个系统的影响程度不同，所以采用比较矩阵确定各因素的权重，集合 $A = \{a_1, a_2, \cdots, a_m\}$ 表示各因素的权重。它与评判矩阵 $\boldsymbol{R}$ 的合成，就是对各因素的综合评判。$Y = A \cdot R(y_1, y_2, \cdots, y_n)$，其中：

$$\boldsymbol{R} = (w_{ij})_{m \times n} \qquad w_{ij} \in (0, 1]$$

$$y_i = \sum a_i w_{ij} \qquad j = 1, 2, \cdots, n$$

这个模型采用实数的加乘运算，比用“∧，∨”运算精细。

注意：必须对求得各因素权重的比较矩阵进行一致性检验，否则要对比较矩阵重新赋值。

4）危险等级划分（见表 5-2）。在煤矿安全评价中，评语集分 5 级（优、良、中、差、极差）。其中，中级以上（包括中级）设为安全级别。

表 5-2　系统危险性等级

系统危险得分	[0.9，1]	[0.8，0.9)	[0.6，0.8)	[0.3，0.6)	[0，0.3)
评语集	优	良	中	差	极差
安全等级	比较安全	安全	中等	不安全	极安全

（2）趋势分析。煤矿生产系统是一个不断发展的动态复杂大系统，其安全状况具有动态性的特征。因此，只有在一个时间段内评估其安全状况才有实际意义。如图 5-2 所示，点 A 处于一个不断恶化的趋势之中，而点 B 处于一个改善的趋势中。C 点所处的趋势是保持现状，D 点处于拐点，仅从状态分析，不能正确比较系统某时段的安全性。

从理论上分析，客观地评价煤矿生产过程中某一时间点的安全状况，必须给定一个时间尺度 Δt。在 Δt 内煤矿安全程度变化的斜率是一个重要的参考值，即趋势变量 $K\Delta t$ 。$K\Delta t$ 反映了在给定的时间段内煤矿安全程度的变化。$K\Delta t > 0$ 表明安全程度向好的方向发展，$K\Delta t < 0$ 表明安全程度向不好的方向发展。当然系统的发展是波动的，如果考察某一时间段的趋势，可运用数学方法拟合出渐近线来判断其趋势。根据系统发展的一般规律，这里有 3 种基本趋势：图 5-3~图 5-5 分别表示了下降趋势、上升趋势和相对稳定的发展趋势。

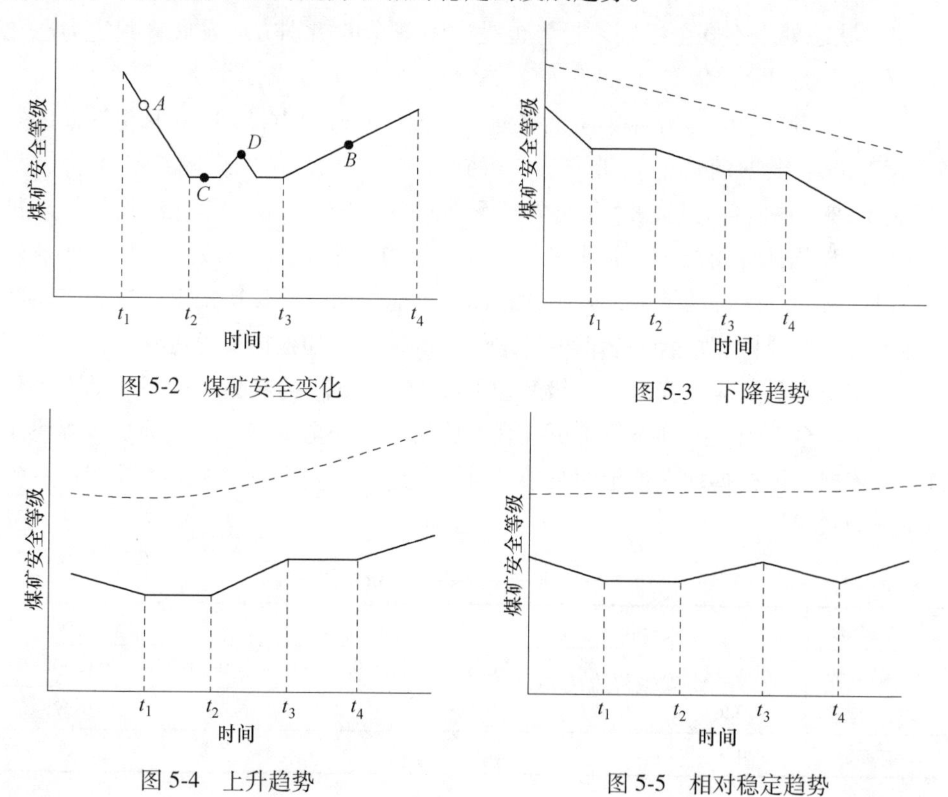

图 5-2　煤矿安全变化

图 5-3　下降趋势

图 5-4　上升趋势

图 5-5　相对稳定趋势

(3) 动态安全评价。动态安全评价追踪生产过程中各个影响环节，动态分析生产所处的危险性，判定危险因素的危险值，为生产组织管理提供决策依据，降低事故率，减少灾害造成的损失。

系统的评价必须建立在系统的特征基础上。根据以上分析，煤矿安全状况不仅体现在某个时间段的状态上，还与系统的发展方向密切相关，只有对系统状态和系统发展趋势进行综合分析，才能对系统做出客观正确的评价。因此，提出一个基于趋势变量 $K\Delta t$ 和状态评价为一体的煤矿动态安全评价方法。

设 $A(t)$ 为煤矿安全的状态变量，$K\Delta t$ 为煤矿安全状况的趋势变量，煤矿安全可用二元组（$A(t)$，$K\Delta t$）来评价。评价结果有如下几种情况：

1）状态处于安全级别，且趋势又是向良好的安全级别方向发展的系统，判定为安全系统。

2）状态处于安全级别，但趋势是向不安全的级别方向发展，如果状态是中级以上，判定为不稳定的安全系统；如果是中级，判定为不安全系统。

3）状态处于不安全级别，但趋势是向安全的级别方向发展，判定为可改善的不安全系统。

4）状态处于不安全级别，趋势也是向不安全的级别方向发展，判定为恶化的不安全系统。

(4) 实例分析。以开滦集团某矿为例，统计分析 2016 年 1~6 月份该矿的安全生产状况。根据前述的评价方法，得到该矿 1~6 月份的模糊综合评价结果（见表 5-3）。根据各月份的综合安全值得到 1~6 月份该矿的安全状况的趋势（见图 5-6）。根据计算得出该矿自 1 月份至 6 月份的安全状况，如表 5-4 所示。比较状态评价与动态评价的结果，表明状态评价不能全面反映该矿安全状况，需将状态评价与趋势分析相结合才能得出科学的评价结果。如根据 1 月份状态评价的结果，该矿安全状况应为安全（中级），但考虑到其下降的趋势，最后的动态评价结果为不安全。因此，动态评价更客观地反映该矿安全生产现状，为决策提供了科学的依据，可根据动态评价的结果及时果断地调整安全管理策略，改善矿井安全生产的状况。

表 5-3　矿井模糊综合评价结果

月份	1	2	3	4	5	6
优、良、中	0.654	0.577	0.612	0.529	0.531	0.502
差、极差	0.346	0.423	0.388	0.471	0.469	0.498
状态级别	中	差	中	差	差	差

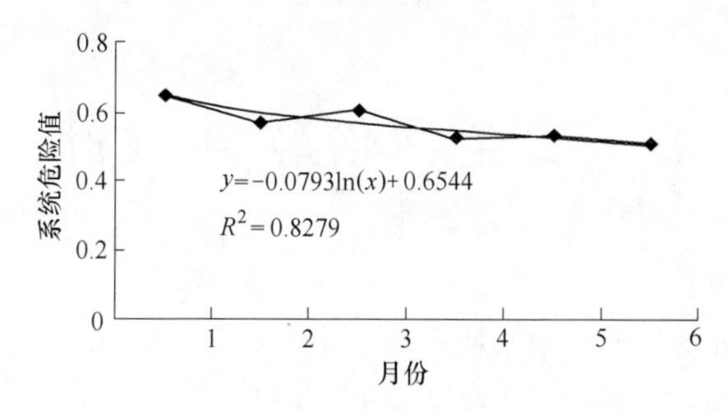

图 5-6 矿井安全状况趋势

表 5-4 矿井动态评价结果

月份	状态级别	趋 势	动态评价结果
1	中	向低安全级别方向发展	不安全系统
2	差	向高安全级别方向发展	可改善的不安全系统
3	中	向低安全级别方向发展	不安全系统
4	差	基本保持不变	不安全系统
5	差	向低安全级别方向发展	不安全系统
6	差	向低安全级别方向发展	恶化不安全系统

6 安全评价软件设计

系统功能设计的主要任务就是从调查用户要求和软件的运行环境入手，在详细定义软件的功能、性能、输入输出、外部接口、安全等方面要求的基础上，明确程序设计目标和任务；在系统分析各种评价方法的主要计算分析过程的基础上，明确软件系统功能和主要功能，确定系统结构、接口形式和资源配置。其主要目的是确定系统事务处理流程、软件的总体结构、全局的存储数据结构和其他方面（如输入输出、用户接口、安全控制等）的总体设计规划。

6.1 组件技术

Visual Studio .NET 2003 是 Microsoft 的第二代开发工具，用于构建和部署功能强大而安全的连接 Microsoft. NET 的软件。作为微软的旗舰产品之一，Visual Basic 始终紧跟时代的潮流，支持多种软件工业标准，基于组件的软件开发技术正是在面向对象技术的理论基础之上对软件重用技术的进一步完善和发展。该技术采用组件形式把对象严密封装，并给对象加上一层可视化的外壳，使得用户无须了解组件实现的内部细节，只要了解其可视化的外部特征就可以用它来构造出复杂的软件系统。面向对象的程序设计是软件系统设计和实现的重要方法。这种方法通过增加软件可扩充性和可重用性，来改善并提高程序员的生产能力，并能控制软件维护的复杂性和开销。

目前支持这一技术的编程语言众多，例如：Visual Basic，Visual Foxpro，Visual C++以及 Power Builder 等。每种编程语言都有其技术特色和特定的应用领域，它们在竞争过程当中，不断地取长补短、加以改进，在功能、性能等方面均有了较大的提高。其中，Visual Basic 语言以其强大的功能和简洁的使用方法备受软件人员的青睐，成为基于组件编程语言的杰出代表。

6.1.1 有关组件技术的几个基本概念

为了在软件开发过程中更好地理解、使用组件技术，本节将结合 Visual Basic 语言，从对象、类、封装、继承和多态性等概念出发，介绍组件技术的主要特性和优点。

（1）对象。对象（object）通常作为计算机模拟思维、表示真实世界的抽象。一个对象像一个软件构造块，它包含了数据结构和提供相关的行为（操作）。对象本身可为用户提供一系列服务——可以改变对象的状态、测试、传递消息等，用户无须知道服务的任何实现细节，操作完全是封闭的。所谓面向对象是把一组相互无联系的对象有效地集成在一起，而这些对象都是将数据结构和行为紧密结合在一起的。

（2）类。类（class）是一种抽象，实质上定义的是一种对象类型。它描述了属于该类型的所有对象的性质，它将具有相同数据结构（属性）和行为（方法）的对象聚集成一个类。每个类描述了相似对象所有可能的有限集，其中每个对象就称为它所在类的实例（instance）。该类的每个实例对每个属性有它自己的值，共享该类的其他实例的属性和操作。一个类可以生成多个不同的对象，同一个类的所有对象具有相同的性质，即其外部特性和内部实现都是相同的。一个对象的内部状态只能由其自身来修改，任何别的对象都不能改变它。因此，同一个类的对象虽然在内部状态的表现形式上相同，但它们可以有不同的内部状态，这些对象并不是完全一模一样的。

类描述了对象的属性、方法和事件，对象是类的实例。创建了类后，可以创建任意多个对象。对象是由属性、方法和事件组成的。属性可以用来存储信息，它与变量非常类似。方法代表了对象能够执行的操作。事件是对象从外部世界获取的通告，它允许对象执行与之相关联的操作。由于 Windows 是以事件驱动为基础的操作系统，因此事件几乎可能来自任意位置，单击鼠标或按下键盘都会产生事件。有时，事件也会来自其他对象。

（3）封装、继承和多态性。封装意味着外界并不能直接访问对象的属性和方法，对象对属性的修改和方法的运行全权控制。例如，在允许属性变化前，对象能够执行值校验。

继承允许基于现存类创建新类，新类继承基类的所有属性、方法和事件，并可以附加新属性和方法以进行优化。每个子类继承它的超类（super class）的所有特性，加上它自己的个性紧密结合而成。超类的特性不需要在每个子类中重复定义，例如，Scrolling Window 和 Fixed Window 是 Window 的子类，两个子类继承了 Window 的特性。

继承性是自动地共享类、子类和对象中的方法和数据的机制，如果没有继承机制，则类对象中的数据和方法就可能出现大量重复。继承机制可以大大减少程序设计的开销，这正是面向对象系统的优点。继承是类为了得到父界面或者现有父类的一种能力，当创建一个新的从父界面或者现有父类继承而来的类的时候，就为原来的类创建了一个子类，这就是所知的父子关系。

多态性（重载）允许在不同类中定义同名方法或属性，这对于面向对象的编程是非常重要的，因为可以调用同名方法而无论对象的类型如何。例如，定义一个基类 Car，多态性使得程序员能够在其派生类中定义不同的 Start Engine 方法。而其某个派生类中的 Start Engine 方法可能与基类中的 Start Engine 方法完全不同。对于其他过程或方法来说，它们能够以同样的方式调用 Start Engine 方法。

(4) 组件。组件又称为部件或构件，是具有特殊计算功能的自主软件模块，这种模块通过一定的接口规范可以实行互操作，进而完成软件系统的集成。组件是一种特殊的对象，它是在对象基础上加上了一层可视化外壳，使得用户在使用组件时，只要利用鼠标就可组织已有的组件，并能通过可视化组件的属性来改变它的状态。Basic 语言提供了许多可重用的组件，并通过可视化组件库将它们组织起来。同时，在集成开发环境中提供了选择组件的组件模板，用户在组件模板中可方便地找到所要使用的组件。组件模板允许用户重新定制，用户可以加进自己的组件，也可以按照自己的习惯重新组织现有的组件。

6.1.2　基于组件的软件开发技术对程序概念的理解

对程序这一概念的理解，计算机软件界遵循 Wirth 定律：程序=算法+数据结构。这一定律是对程序的基本定义，软件开发人员永远也不能产生一个违背 Wirth 定律的不平常的程序。但是随着软件开发技术的不断发展，人们对这一定律的理解也在不断地发展。

早期的软件开发技术，如结构化分析和设计，是这样理解 Wirth 定律的：程序=（算法）+（数据结构）。基于这种理解，软件开发人员将算法和数据结构分隔开来，将它们视作两个孤立的个体，而把重点放在算法部分的实现上。多年的软件开发实践已经证明，这种把数据和功能完全分开以及重算法轻数据的观点会给软件开发带来很多麻烦。随着面向对象技术的出现，人们对 Wirth 定律的理解发生了革命性的变化，即：程序=（算法+数据结构）。

表面上看，似乎唯一的变化是将算法和数据结构看成了一个有机的整体被封装起来，可实际上，这一简单的“封装”却带来了软件开发技术质的飞跃，同时也为基于组件的软件开发技术的诞生奠定了理论基础。基于组件的软件开发技术对程序的理解是：

对象=（算法+数据结构）

组件=对象+对象管理器

程序=（组件+组件+…）

以上理解只是未来程序结构的雏形。目前，组件技术还不十分成熟，仅仅依靠编程语言自带的组件还无法完成大部分编程工作，但是随着组件技术的进一步完善和自己对组件库的充实，上述设想终将成为现实。也许不久的将来，我们就能像组装车间一样，只需将不同的组件按需要进行组合，再附加上少量的连接性的代码，就能构造出复杂的软件系统。

6.1.3　公共语言运行库（CLS）

经过微软公司多年的努力，成功地将公共语言运行库融入到编程语言中。有了公共语言运行库，就可以很容易地设计出对象能够跨语言交互的组件和应用程序。也就是说，用不同语言编写的对象可以互相通信，并且它们的行为可以紧密集成。例如，可以定义一个类，然后使用不同的语言从原始类派生出另一个类或调用原始类的方法，还可以将一个类的实例传递到用不同的语言编写的另一个类的方法。这种跨语言集成之所以成为可能，是因为基于公共语言运行库的语言编译器和工具使用由公共语言运行库定义的通用类型系统，而且它们遵循公共语言运行库关于定义新类型以及创建、使用、保持和绑定到类型的规则。

任何服从 CLS 规则的语言都可以在 Visual Basic. NET 环境中创建新的类、对象或组件。同时，Visual Basic. NET 的用户也可访问其他服从 CLS 的编程语言所写的类、组件或对象，而不必担心特定语言之间的差异。

6.1.4 结构化异常处理

异常就是对程序生成的多元条件的响应。通常来说，开发的应用程序要求创建可重用的以及易维护的部件。在过去的 Visual Basic 版本中，Basic 语言的一个争议最多的方面就是其对错误处理的支持。开发人员发现，一致的错误处理方案意味着有大量重复的赋值代码。利用现存的 On Errer Goto 语句的错误处理方法有时会影响大规模应用程序的开发和维护。这种做法就反映出一些问题，如 Goto 意味着当发生错误时，控制权转移到子程序中有标记的位置。一旦错误代码运行，它必须时常通过另外的清除位置来转向，而后者又要经过标准的 Goto，最后还是要通过其他的 Goto 或 Exit 来退出过程。使用 Resume 和 Next 的多种组合来处理几个不同的错误将会产生难以读懂的代码，并且在程序流程中没有被完全考虑到的时候会导致频繁的错误。

利用 Try Catch Finally 语句，这些问题将不复存在，开发人员可以嵌套其异常处理，同时，这是一种用于编写在正常条件和异常条件下执行清洁代码的控制结构。

```
Sub SEH ( )
Try
(无异常时，程序所执行的代码)
Catch (程序中的错误条件，即抛出异常信息)
(在异常条件下，程序所执行的代码)
Finally
(即使在异常情况下，也能够执行的代码)
End try
End Sub
```

有了结构化异常处理结构，成功地避免了由于用户的误操作所引起的程序异常中断，由于“异常”在运行时能对程序出现的问题进行处理，使得用户在出现异常时仍能使用程序，所以我们就能够将精力放在编程的逻辑结构上，因此结构化异常处理使得程序更为健壮。

6.2 安全评价软件的系统功能设计

本书所研究的安全评价软件系统是关于模糊综合评价、事件树分析和事故树分析三种评价方法的软件设计。其主要功能如图 6-1 所示。

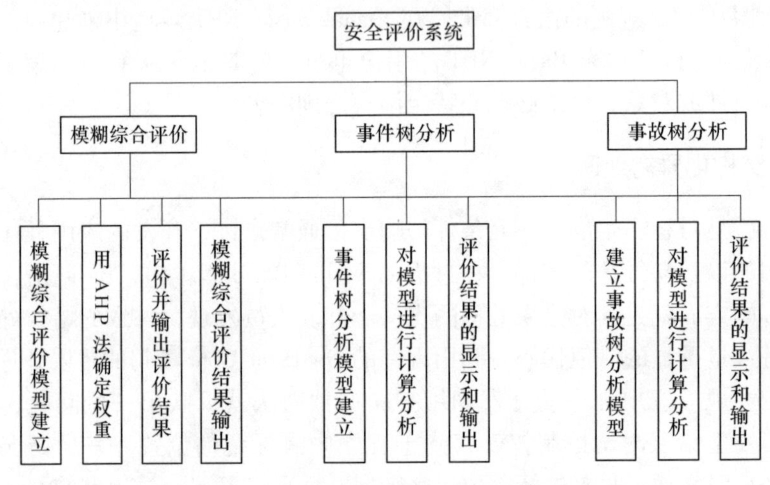

图 6-1 安全评价系统的主要功能图

6.2.1 模糊综合评价软件的系统设计

6.2.1.1 模糊综合评价软件的主要功能模块

软件主要由：综合评价模型、模糊综合评价分析、结果显示和输出三个功能模块组成，如图 6-2 所示。

(1) 程序设计中需要注意的问题：

1) 因为评价指标体系是将所研究的系统按功能（或特征等）逐级进行分解，所以最终将整个系统分解为一个以目标为最高层，以解决问题的方案、方法、手段为措施层和以衡量实现目标的标准为中间层的金字塔式的树状层次结构。

2) 在评价指标体系内，评价指标体系内的每一个基点（包括被评价的评价指标、子指标及因素集）都由说明文字、权值和节点的类型（目标层节点、准则层节点或措施层节点）三部分组成。

3) 评价指标体系中，在各子指标或各因素的相对重要性比较过程中，不能

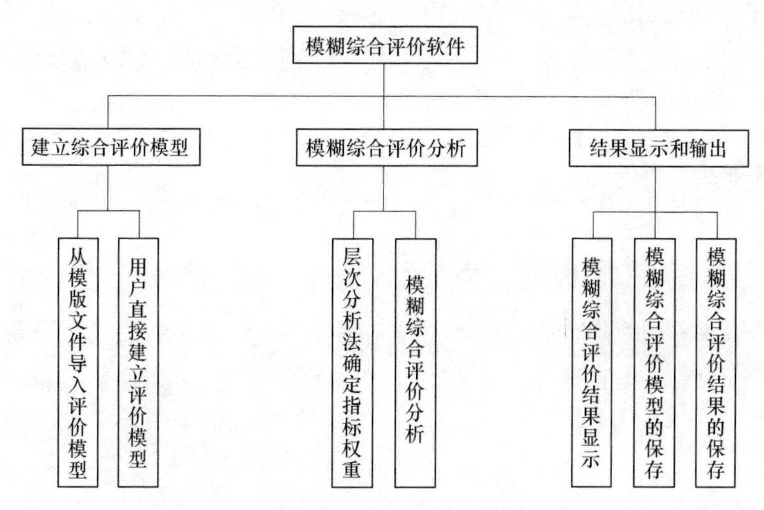

图6-2　模糊综合评价软件功能模块图

出现逻辑错误（在比较过程中，可能会出现要比较的要素比自身更重要或不重要的逻辑错误），即一致性检验指标 *RI* 必须小于等于0.1，只有这时判断矩阵所确定的权值符合使用要求。

4）考虑到计算过程中计算精度和结果取舍精度问题的存在，评价指标或子指标下的元素的权重之和应接近于1，设 $a = \{a_1, a_2, \cdots, a_i, \cdots, a_n\}$ 为某一指标的元素集所对应的权重集，元素集的权重之和为 $a = \sum_{i=1}^{n} a_i$，这时要保障（$a-1$）的绝对值要符合指标体系的计算要求，即 $\min|a-1| \leqslant \xi$，本书中所选的精度为 $\xi = 0.001$。

（2）层次分析法软件的界面功能。根据层次分析法的原理，编制的层次分析法软件的界面如图6-3所示，其功能包括：

1）文档的新建、打开和保存。

2）层次分析法模型的建立和修改。按模型要求建立，修改评价指标体系中的评价指标、子指标及其因素集。

3）有关说明信息的提示。

4）指标体系内各子指标及其各因素权重的确定。

①根据两两比较的标度和判断原理，建立判断矩阵，输入要素间的相对重要度。

```
输入数据的验证
For i=1 To number
        For m=1 To number
            If matrix（i, m）<=0 Or matrix（i, m）>9 Then ‘检验判断矩阵的每一个单元的
```

```
输入数值是否介于（0，9］之间
            MsgBox（"请重新输入"，MsgBoxStyle. OKOnly,"判断矩阵输入有误" ）
            Exit Sub
            End If
    Next m
  Next i
```

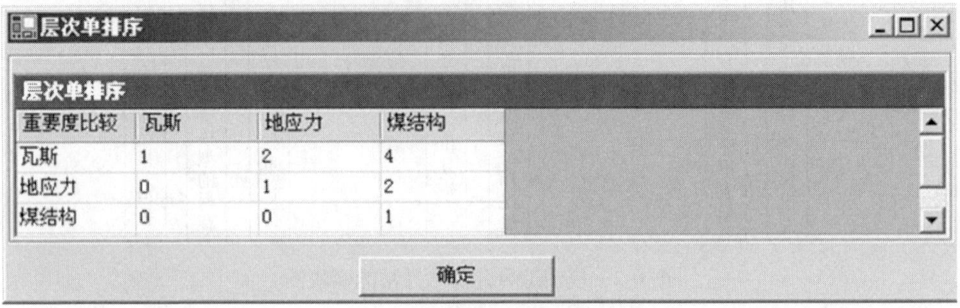

层次单排序

层次单排序

重要度比较	瓦斯	地应力	煤结构
瓦斯	1	2	4
地应力	0	1	2
煤结构	0	0	1

确定

图 6-3　层次分析法软件的界面

对判断矩阵作归一化处理，并将归一化结果赋值给指标体系内对应的子指标或因素的权重。

```
Public Sub guiyihua（）
  If number=1 Then ‘检验判断矩阵的维数是否大于 1
    MsgBox（"模型错误"，MsgBoxStyle. OKOnly,"判断矩阵的维数必须大于 1" ）
  Exit Sub
  End If
  For o=1 To number ‘将权值初始化
   matrix（o，number+1）=1
Next
For K =1 To number'计算判断矩阵每一行的乘积
  For j = 1 To number
    matrix（K，number+1）=matrix（K，number+1） * matrix（K，j）
  Next
Next
For K=1 To number ‘将判断矩阵每一行的乘积开 n 次方
    If matrix（K，number+1）>0 Then
      matrix（K，number+1）=Exp（Log（matrix（K，number+1））/number）
    End If
Next
q=0
For K=1 To number ‘将判断矩阵每一行的乘积开 n 次方根进行累加
```

```
    q=q+matrix（K，number+1）
Next
For K=1 To number‘进行归一化处理
    matrix（K，number+1）=matrix（K，number+1）/q
Next
End Sub
```

②对判断矩阵进行一致性检验，当相容性指标小于等于0.1时，即判断矩阵内不存在互相矛盾的元素，这时可认为归一化结果是可以接受的。

```
For lk=1 To number‘计算矩阵A与矩阵W的积
    values（lk）=0
    For j=1 To number
values（lk）=values（lk）+matrix（lk，j）*matrix（j，number+1）
    Next
Next
For ll=1 To number‘计算特征值矩阵λ
    values（ll）=values（ll）/matrix（ll，number+1）
Next
MAX=0
For K=1 To number‘计算最大特征值
    If MAX<=values（K）Then
        MAX=values（K）
    End If
    Next
    lmd=（MAX-number）/（number-1）‘计算矩阵一致性指标C.I
    If lmd <=0.1 Then‘判断矩阵一致性指标C.I是否小于0.1，在C.I小于0.1时，归一化所计算的权值可以采用，否则判断矩阵相容性检验失败，需重新修改并输入判断矩阵。
    Weights=returnresult（）
    FLAG=True
    Else
    MsgBox（"请重新输入"，MsgBoxStyle.OKOnly,"判断矩阵相容性检验失败"）
    End If
```

③层次总排序是在层次单排序的基础上进行的。设指标体系内因素j的重要性为 ϕ_j ，则有 $\sum_{j=1}^{n} \phi_j = 1$。

```
Sub  ZongPaiXu（）
FindZW（Treeview1.nodes（0））=1‘将指标体系树的根节点的重要度值置1
SubZongPaiXu（Treeview1.nodes（0））’将指标体系的根节点传入求解因素重要度程序
```

```
End　Sub
Sub　SubZongPaiXu（ByVal　InputNode As Treenode）’求解因素重要度的子程序
ZW=FindZW（InputNode）‘查找传入节点的重要度值
For Each node In InputNode. nodes
FindZW（node）=FindW（node）＊ZW‘求解当前节点的重要度值，并将结果保存在重要度树的对应节点内
If　node. nodes. count>0 Then
SubZongPaiXu（node）
End If
Next
End　Sub
```

6.2.1.2　软件的特点及特色

（1）标准的Windows视窗布局。软件采用标准的Windows视窗布局，命令菜单栏和工具条的采用符合用户的常规的操作习惯，方便用户的学习和使用。软件主界面如图6-4所示。

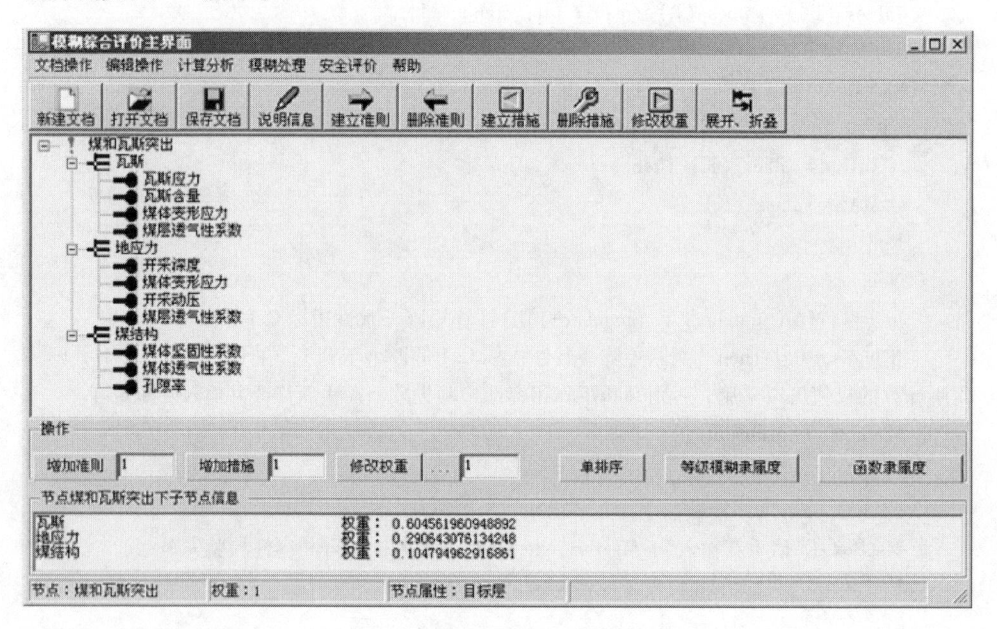

图6-4　模糊综合评价主界面

（2）“Treeview”控件的使用。软件采用普通用户常接触到的“Treeview”控件，适应用户的阅读习惯和使用习惯，便于对层次分析模型进行建立和修改操作。用户还可以根据需要，将“Treeview”控件内的内容加以显示或隐藏，有利于突出重点信息，便于用户对模型信息的查阅。

（3）软件界面设计独特。针对方便用户的操作和使用，将常用的命令单独做成一个独立的命令按钮区，在方便用户使用操作的同时，大大提高工作效率。

（4）重要信息的说明。在软件的设计中，考虑到用户对模型内特定信息的需要，将一些用户可能经常用到的信息单独加以显示，有助于及时发现模型的不足之处。

6.2.2 事件树分析软件的系统设计

6.2.2.1 事件树分析及评价的理论基础

事件树演化于1965年前后发展起来的“决策树”，它是一种将系统内各元素按其状态（如成功或失败）进行分支，最后直至系统状态输出为止的水平放置树状图。事件树分析最初用于可靠性分析，它是从元件可靠性表示系统可靠性的系统分析方法之一，目前已被引用于事故分析。

事件树分析是按照事故发展顺序，分成阶段，一步一步地进行分析，每一步都从成功和失败两种可能后果进行考虑（分支），最后直至用水平树状图表示其可能结果的一种分析法。该水平树状图也称为事件树图。应用事件树分析，可以定性地了解整个事故的动态变化过程，又可定量得出各阶段的概率，最终了解事故各种状态的发生概率。

如图6-5所示，系统为一个泵和两个阀门串联的简单系统，（记 A、B、C 的可靠度分别为0.95，0.9，0.9），则其事件树图如图6-6所示。

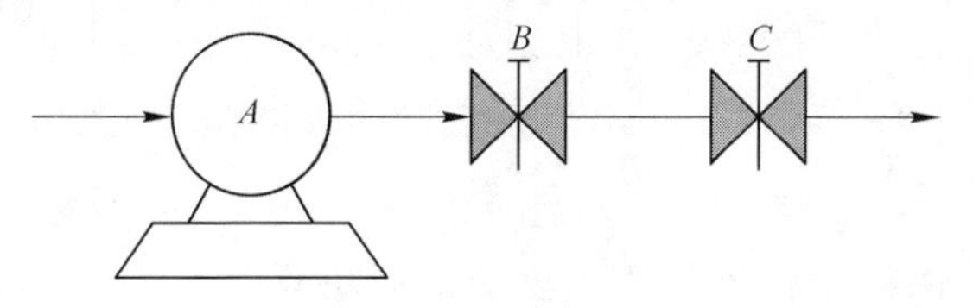

图6-5 串联系统图

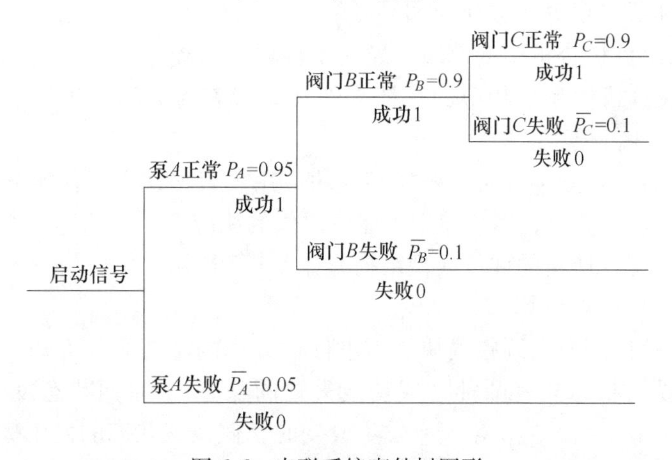

图6-6 串联系统事件树图形

我们可从上述结果求得阀门串联系统的可靠度和不可靠度：

$$P_S = P_A \times P_B \times P_C = 0.95 \times 0.9 \times 0.9 = 0.7695$$

$$\overline{P_S} = 1 - P_S = 1 - 0.7695 = 0.2305$$

计算结果表明：该串联系统的可靠度为 0.7695，不可靠度为 0.2305。

6.2.2.2　事件树分析软件的主要功能模块

软件主要由事件树模型、事件树分析、结果显示和输出等三个功能模块组成，如图 6-7 所示。

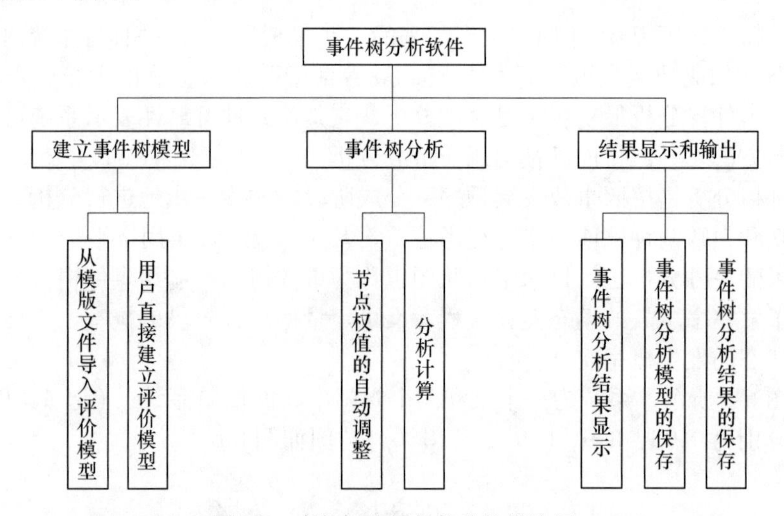

图 6-7　事件树分析软件功能模块图

6.2.2.3　事件树分析软件的主要功能模块设计

（1）分析模型的导入或建立：

1）导入事件树分析模型模块。导入事件树分析模型模块所实现的功能是将已有的事件树分析模型从相应的存档文件（后缀名为 ETA）中读取出来，并自动重新建立的评价模型结构。

2）用户直接建立事件树分析模型模块。用户直接建立事件树分析模型模块是用户根据评价的需要，用户使用程序所提供的相应命令（新建节点、删除节点和修改节点）建立所需的评价模型结构，如图 6-8 所示。

（2）模型的分析计算：

1）节点权值的自动调整模块。由事件树分析的基本原理可知，事件树分析中的每一阶段的状态只有两种（成功或失败两状态），且两状态发生之和为 1。所以，当其中某一状态的发生概率发生改变时，假设该状态的发生概率为 P，则

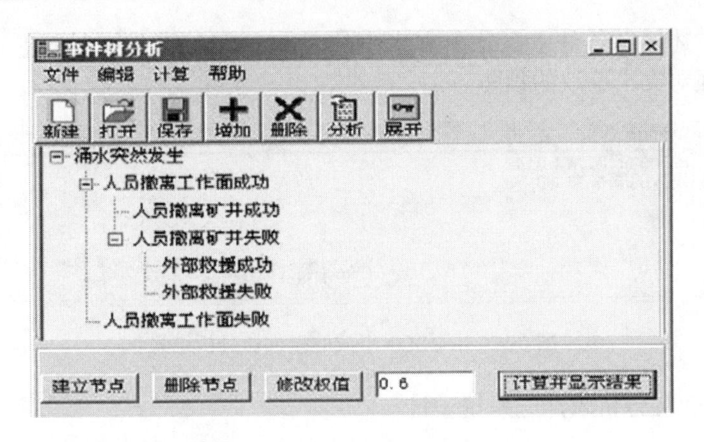

图 6-8　井下突水事故的事件树图

另一状态的发生概率必为 1-P。

2）分析计算模块：

①各阶段状态概率正确性检查。状态概率必须在区间［0，1］内，同一阶段下的两状态之和必须为 1。

②事件树分析计算的实现。

从模型的最上一层开始，依据计算方法，逐层计算各种事故状态的发生概率，直到最后一阶段的两种状态为止，并将分析计算的结果提供给输出模块使用。

（3）模型的输出和保存：

1）评价结果输出显示模块。将分析计算模块所提供的分析计算结果按导致事故发生或不发生进行归类统计，计算出事故发生与不发生的概率，并将这两个概率值输出到屏幕上。

2）评价模型保存模块。将事件树分析模型保存到相应的文件（后缀名为 ETA）中，便于日后用户的使用。

3）评价结果保存模块。将事件树分析的结果保存到相应的文件（后缀名为 ETR）中，便于日后用户查询结果。

6.2.2.4　井下涌水事故的事件树分析

如图 6-8 所示，在涌水突然发生的情况下，则在工作区域处的人员所处状态有两种，一种就是撤离工作区域失败（概率为 0.4）；一种就是撤离工作区域成功（概率为 0.6）。撤出工作区域成功后，是否能完全脱险，仍有两种状态，即撤出矿井成功（概率为 0.5）和撤出矿井失败（概率为 0.5）。若撤出矿井失败发生，则最后取决于外部营救是否成功。若成功（概率为 0.46），则仍能脱险，如果失败（概率为 0.6），则伤亡发生。

将上面的突水事故输入到事件树分析程序中，所得评价结果如图 6-9 所示。

可见，在上述假设条件下，井下突水事故对井下职工的人身安全造成很大的威胁，应加强对突水事故的预防。

图 6-9　井下突水事故的事件树分析结果

6.2.3　事故树分析软件的系统设计

6.2.3.1　事故树分析的意义

这种方法在逻辑推理方法的基础上，可以找出系统中的不安全因素和各种事故的原因，因而对煤矿井下各种系统的危险性均可进行诊断、预测，并进行定性分析和定量分析。另外，该方法通过逻辑演绎揭示事故基本事件（隐患）之间和基本事件与顶上事件的相互逻辑关系，把系统的事故与组成子系统的隐患有机地联系在一起，能找出系统全部可能的失效状态，其主要功用是能够对导致系统处于不安全状态的事故隐患及其逻辑关系进行描述。

6.2.3.2　事故树分析软件的主要功能模块

软件主要由：事故树模型、事故树分析、结果显示和输出等三个功能模块组成，如图 6-10 所示。

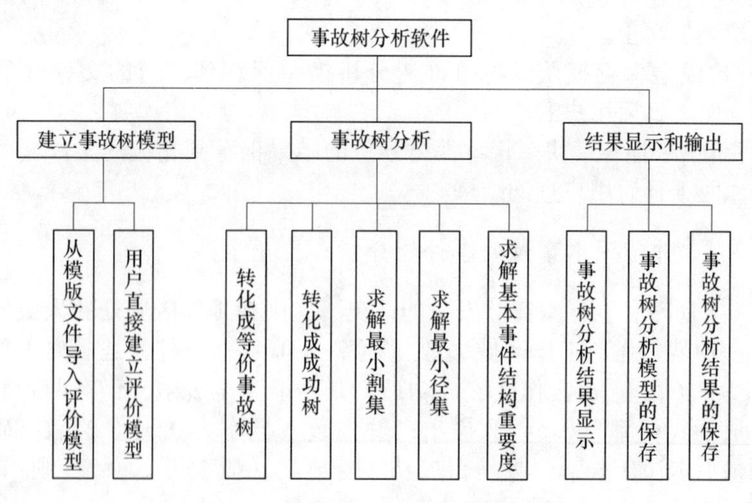

图 6-10　事故树分析软件功能模块图

6.2.3.3 事故树分析软件的主要功能模块设计

A 分析模型的导入或建立

（1）导入事故树分析模型模块。导入事故树分析模型模块所实现的功能是将已有的事故树分析模型从相应的存档文件（后缀名为 FTA）中读取出来，并自动重新建立的事故树分析模型结构。

（2）用户直接建立事故树分析模型模块。用户直接建立事故树分析模型模块是用户根据评价的需要，自己用程序所提供的相应命令（新建节点、删除节点和修改节点）建立所需的评价模型结构，如图 6-11 所示。

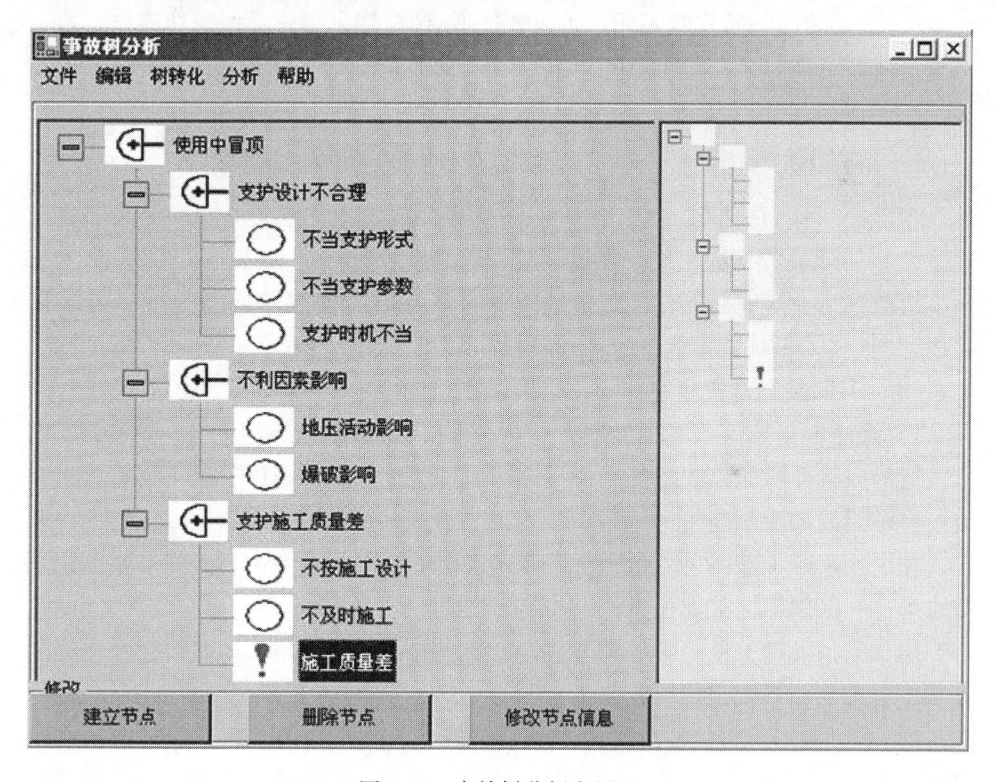

图 6-11 事故树分析主界面

B 模型的分析计算

（1）转化成等价事故树模块

将一般的事故树转化为只有 and 和 or 的事故树（这里称之为等价事故树），便于计算机求解最小割集和最小径集。经这样的转化后，使得事故树分析可以应用更多门类型的运算。

1）条件与门的转化。它相当于 $n+1$ 个输入事件的与门，用布尔代数表示为：

$$A = E_1 \cdot E_2 \cdot \cdots \cdot E_n \cdot \alpha$$

2）条件或门的转化。它相当于 n 个输入事件或门操作之后，再与条件 β 的与门，用布尔代数表示为：

$$A = (E_1 + E_2 + \cdots + E_n) \cdot \beta$$

3）限制门的转化。它相当于对输入事件 E 与条件 α' 的与门操作，用布尔代数表示为：

$$A = E \cdot \alpha'$$

4）优先与门的转化。它相当于对 E_1，E_2 两个输入事件与门操作之后，再与附加条件 β'（事件 E_1 必须发生在事件 E_2 之前）的与门，用布尔代数表示为：

$$A = E_1 \cdot E_2 \cdot \beta'$$

5）组合优先与门的转化。组合优先与门的布尔代数表示为：

$$A = E_1 \cdot E_2 + E_1 \cdot E_3 + \cdots + E_2 \cdot E_3 + \cdots + E_{n-1} \cdot E_n$$

（2）转化成成功树模块。在做完对一般的事故树转化（转化为只有 and 和 or 的事故树）后，这时将转化后的事故树中的“与门”换成“或门”，将“或门”换成“与门”，其他的事件节点不作转换。

（3）求解最小割集模块：

1）最小割集求解前的预处理。

树的完整性检验。如果某一个门没有下一层事件时，则该门是不完整的，含有不完整门的树为不完整树。

树内元素的重新命名。对于每一个元素作系统内的重新命名，便于系统识别节点类型和区别不同节点信息。

增加了预处理，使得事故树参数输入要求并不过分严格，即使树存在不完整性和不合理性，系统也能自我修正。

2）求解割集。事故树分析中，最小割集与最小径集的求解对定性分析和定量分析都起着重要作用，可为有效而合理地控制顶上事件的发生提供极其重要的信息。最小割集与最小径集的求解，人们已研究了各种比较有效的方法。对于比较简单的事故树，可用手算的方法求解，对于复杂的事故树系统，解算工作量很大，一般通过计算机编程求解。

最小割集的求解内容包括两部分：一是求出事故树的所有割集，主要的方法有行列法、结构法、布尔代数法、矩阵法等；二是从所得出的割集中求出最小割集、最主要的方法有质数法、布尔代数吸收化简法。

3）上行法求解割集。上行法，也叫 Semanders 算法，它是计算机解算中使用的一种方法，其原理是对给定的事故树从最下一级中间事件开始，依次往上，直至顶事件，运算才得结果。如图 6-12 所示，从 A_5 中间事件开始，则运算步骤为：

①$A_5 = X_1X_6$

②$A_3 = X_4 + X_5$

③$A_4 = X_2 + X_5$

④$A_2 = X_2A_4X_3 = X_2X_2X_3 + X_2X_5X_3$

⑤$A_1 = X_1A_3 = X_1X_4 + X_1X_1X_6$

⑥$T = A_1 + A_2 = X_1X_4 + X_1X_1X_6 + X_2X_2X_3 + X_2X_5X_3$

用布尔代数吸收率化简后即得最小割集为 $\{X_1, X_4\}$，$\{X_1, X_6\}$，$\{X_2, X_3\}$。上行法由于从底部开始，因此每步运算都可化简成只有底事件变量组成的表达式。适合于计算机上迭代求解。

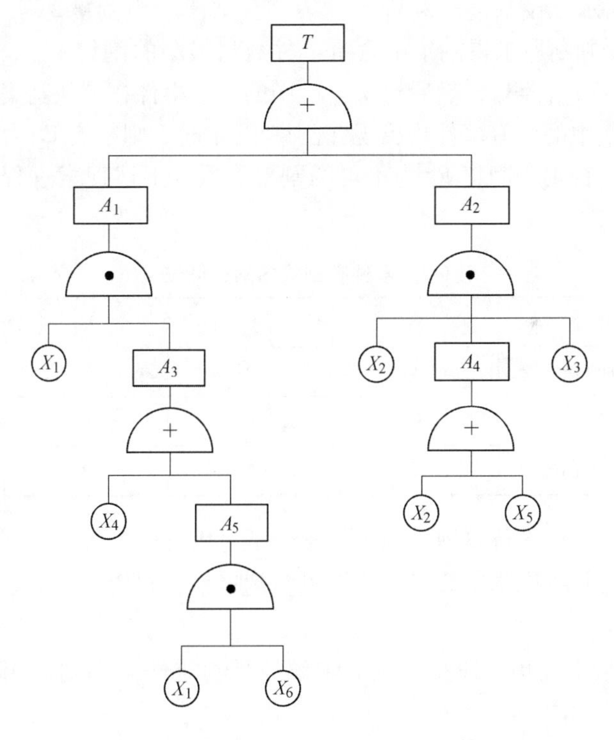

图 6-12　事故树分析的 Semanders 算法

4）布尔代数化简。布尔代数吸收率的实现。（a · a=a）的实现。要保证数组 Result String（n）内的每一字符串中不存在同一事件的重复出现，即去除数组 Result String 每一字符串中的重复信息。（a · c=a ·（a+b）=a，且 a+b=c）的实现。若字符串数组 ResultString 中存在某一字符串（I）的全部信息能在另一字符串（J）中能够全部找到时，这时保留字符串（I），而将字符串（J）内的信息清空。

如表 6-1 所示，设某一割集为 $V_n = \{X_1, X_1, X_2, X_4\}$，则首先将割集中的事件 X_1（位置为 1）取出，放入临时事件集 S 中；并在割集 V_n 中的位置 2 开始搜索第一个与 X_1 不同的事件，此处显然是 3 位置的 X_2 事件，将 X_2 事件放入临时事件集 S 中；再以 X_2 事件为搜索事件，从位置 3 开始搜索，如此往复循环，直至事件集内的末事件 X_4 为止。此时，割集内就不存在重复事件。

表 6-1　事件在割集内的存储位置

割集内的事件	X_1	X_1	X_2	X_4
事件在割集内的存储位置	1	2	3	4

如表 6-2 所示，设割集 1 为 $V_1 = \{X_1, X_2, X_4\}$，设割集 2 为 $V_2 = \{X_1, X_3, X_2, X_4\}$。首先判断所求得割集中含有事件数目最小的割集 $V_{minimum}$，$V_{minimum}$ 显然这里是 V_1，即 $V_{minimum} = V_1$，然后对 $V_{minimum}$ 中的每一事件在其他割集（V_2）中进行搜索，若 $V_{minimum}$ 中的所有事件均出现在割集 V_2 中时，则割集 V_2 为可约割集（将割集 V_2 置空），否则，割集 V_2 为不可约割集。重复上述搜索过程，直至没有可约的割集为止。

表 6-2　事件在割集内的存储位置

割集 1 内的事件	X_1	X_2	X_4	—
事件在割集 1 内的存储位置	1	2	3	—
割集 2 内的事件	X_1	X_3	X_2	X_4
事件在割集 2 内的存储位置	1	2	3	4

最后，应对割集进行整理，割集的整理是对用行列法所求的割集中的不可约割集进行整理，并将原割集数组中的不可约割集存放到新的割集数组中，便于割集的输出和显示。

（4）求解最小径集。最小径集的求解原理与求解最小割集相同，请参见求解最小割集部分的内容。

（5）求解基本事件的结构重要度。

1）结构重要度求解方法。本书中所研究的软件采用的是一种简易算法，即给每一最小割集都赋予 1，而最小割集中每一基本事件都得相同的一分，然后每一个基本事件积累其得分，按其得分多少，排出结构重要度的顺序。

2）结构重要度求解的近似计算公式。本书中所研究的软件采用的近似计算

公式是

$$I_{\phi(i)} = \frac{1}{K} \cdot \sum_{j=1}^{K} \frac{1}{n_j(j \in K_j)}$$

式中　　K——最小割集总数；

n_j （$j \in K_j$）——割集 j 中的基本事件数。

C　模型的输出和保存

（1）评价结果输出显示模块。将事故树分析的结果整理并以图形和文本的形式输出显示。

（2）评价模型保存模块。将事故树分析模型保存到相应的文件（后缀名为FTA）中，便于日后用户的使用。

（3）评价结果保存模块。将事故树分析的结果保存到相应的文件（后缀名为FTR）中，便于日后用户查询结果。

6.2.3.4　巷道冒顶的事故树分析

在矿山生产中，已经投入使用的巷道不时发生冒顶事故，危及行人及车辆的安全。通过分析，绘制了巷道在使用过程中发生冒顶事故的事故树图（参见图6-11），可以看出，巷道在使用过程中发生冒顶的主要原因有3个方面。

（1）巷道支护设计不合理。导致巷道支护设计不合理的关键因素在于设计者对复杂的巷道环境、围岩的工程地质条件不十分了解，或者虽然十分了解但难以给出准确的判断。因为采场巷道工程中涉及众多的不确定性、模糊性和知识不完备性。

（2）巷道围岩稳定性受不利因素的影响。其不利因素主要是采场地压或采矿爆破对巷道围岩的稳定性影响。众所周知，采场地压在很大程度上影响采场巷道围岩的稳定性。因此，控制采场地压显现是提高巷道围岩稳定性的关键因素。

（3）巷道支护施工质量差。另一重要因素是巷道支护施工质量不能满足设计要求，或者偷工减料，或者支护强度或参数不合要求。

通过对巷道冒顶的事故树分析，计算和分析结果如图6-13~图6-17所示。由图6-15可知，巷道冒顶事故的发生原因众多（最小割集数为8），而控制事故发生的径集却只有一个（包含8个基本事件），所以巷道冒顶事故发生的可能性极大。为了减少或避免冒顶事故，必须从采矿工艺、生产管理和支护技术等多方面采取综合安全措施，提高采矿安全生产的可靠性。

安全评价软件的系统设计和功能模块设计，其优越性有以下几点：

（1）采用先进的组件编程技术。将各个分析计算过程进行模块化设计，例

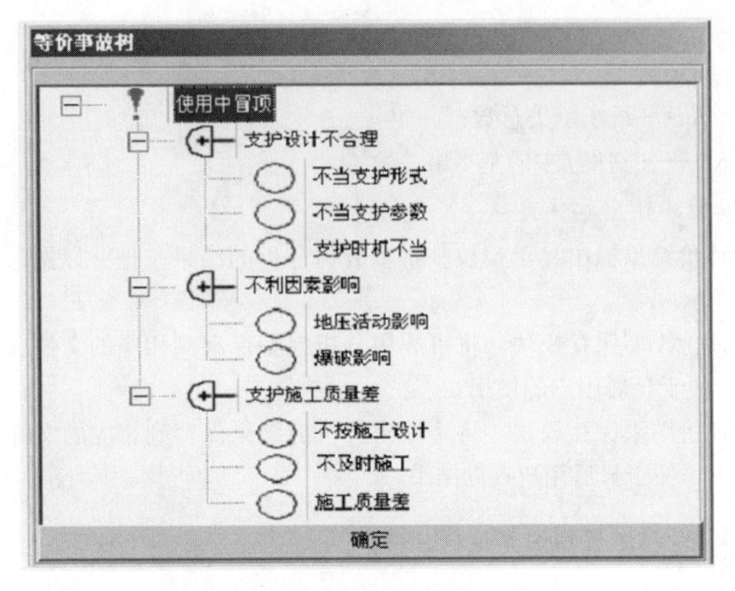

图 6-13　等价事故树界面

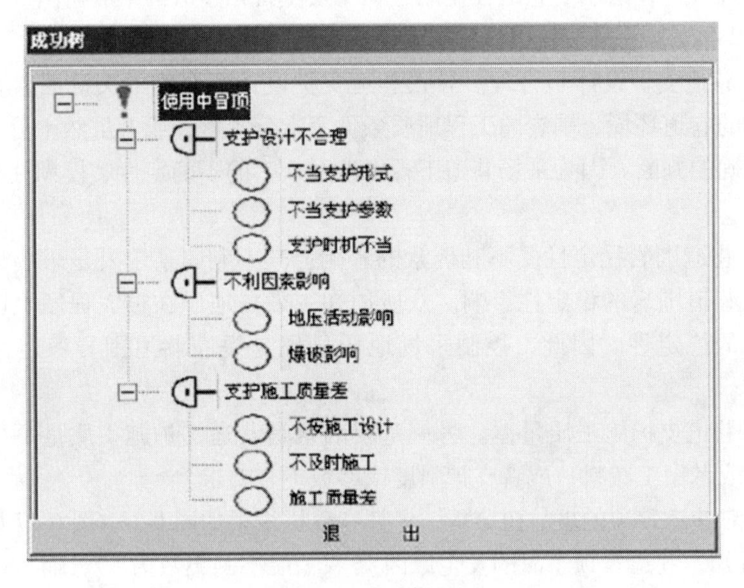

图 6-14　成功树界面

如将事故树分析中最小割集、最小径集、基本事件重要度计算分析等过程设计成独立的功能模块，不仅增加了软件可扩充性和可重用性，而且还有利于软件维护和升级。

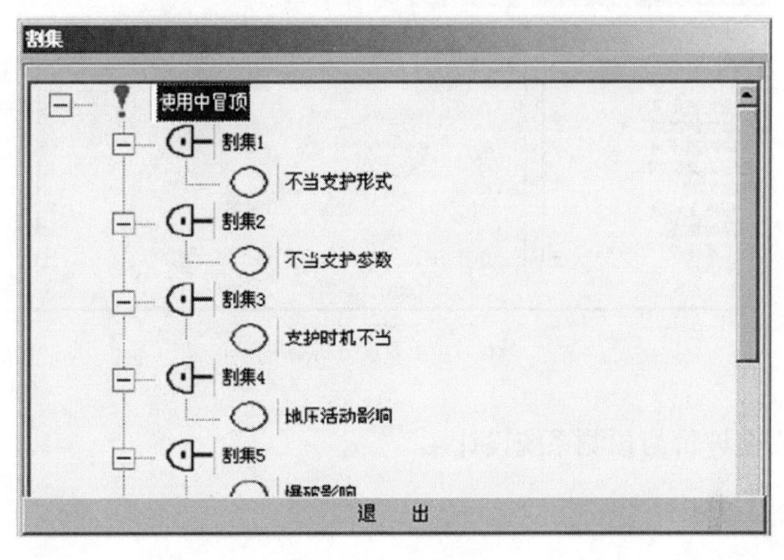

图 6-15 割集树界面

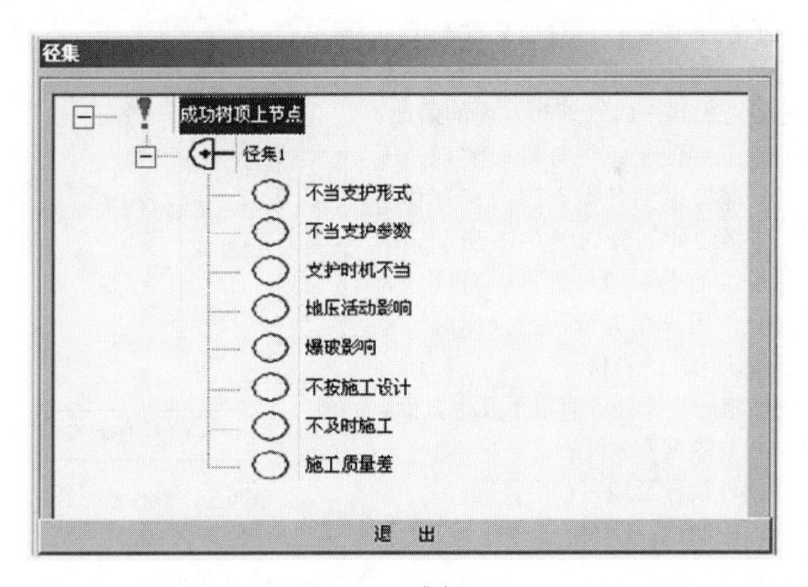

图 6-16 径集树界面

（2）采用 CLS 和异常化处理技术。任何服从 CLS 规则的语言都可以在 Visual Basic. NET 环境中创建和使用类、对象或组件，而不必担心特定语言之间的差异。

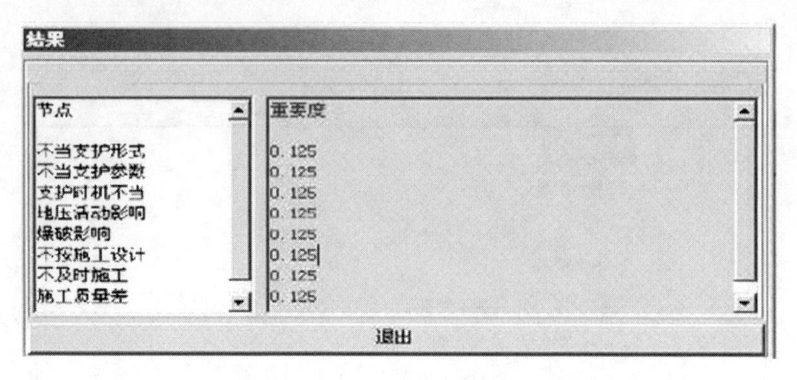

图 6-17　重要度分析结果

6.3　安全评价与预测系统设计

6.3.1　系统设计

系统设计采用的方法是结构化设计方法。系统设计的基本原则是简单性、灵活性、系统性、安全性、可靠性和经济性。

遵循子系统要具有相对独立性；子系统划分的结果要使数据的冗余度小；子系统的划分要考虑到今后管理和发展的需要；子系统的划分要便于系统分阶段实现；子系统的划分应考虑到各类资源的充分利用等原则，子系统的划分如图 6-18 所示。单击表示各系统的图标即可进入该系统。为了保证安全，用户在进行一些操作时，系统会要求确认用户的身份。

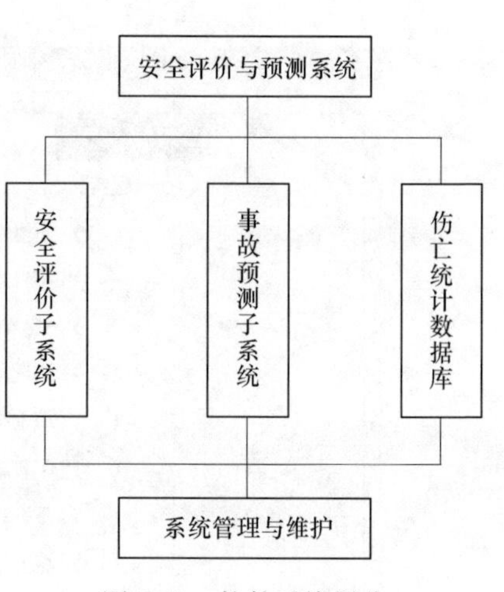

图 6-18　软件系统划分

系统实施的主要任务有以下几个方面：

（1）建立数据库系统；

（2）软件设计及编写程序代码；

（3）程序测试；

（4）软件运行；

（5）系统安全。

6.3.2　建立数据库系统

（1）信息收集。数据信息收集，是对大量的零星的伤亡事故原始资料，根据下一步统计分析的目的和要求进行技术分组，形成原始的事故资料库。数据信息收集是整个统计分析工作的基础，伤亡事故统计分析及事故预测结果的好坏，直接取决于作为统计分析基础的事故资料库。因此，所收集的伤亡事故信息资料和数据必须尽量准确、完整，以满足事故分析管理的需要。

实事求是地全面调查是数据库分析与设计的基础。本系统以开滦集团为例，要想全面掌握矿井的伤亡事故资料，必须深入到每个矿井的安全监察部、采煤、掘进、开拓区队、通风、机电、救护队等科室了解涉及煤矿安全方面的问题，掌握各类伤亡数据统计信息。

（2）伤亡数据库结构设计。数据库文件的设计是一项复杂的工作，是系统设计中的重要组成部分。伤亡事故统计信息系统中待处理的数据量大、数据类型多、结构复杂，对数据的存储、检索、分类、统计等处理要求高。伤亡统计数据库主要包含死亡事故、重伤事故和伤亡事故频率（百万吨死亡率、千人负伤率）数据表。在死亡数据表设计上，其字段包括：事故编号、事故发生日期、地点、事故简况（含事故发生情况、事故经过、预防措施等）、事故类型、死亡人数。重伤及伤亡事故频率数据表字段主要有：事故编号、年度、地点、重伤人数、年产量、千人负伤率、百万吨死亡率。

（3）伤亡统计数据库模块功能。

1）数据输入模块功能设计。系统采用手工录入的方式进行数据输入。为使手工录入方便、快速、准确，设计时采用全屏幕滚动输入，输入完毕后保存可立即对输入表格进行校验，验证是否正确，同时系统管理员可根据需要对库中的内容进行增加、删除和修改。

2）综合查询模块功能。为能及时、准确地掌握所发生的各类伤亡事故的情况，数据库查询采用单一或任意项组合查询的方法。使所录入的数据可采取对不同的单位任意时间段进行统计查询。

3）统计分析图形功能设计。为直观、形象、生动、具体、鲜明地反映各类伤亡事故情况，设置了图形处理模块。其功能是根据数据库统计数据生成各类伤亡事故统计分析图，用几何图、平面图等绘制各类图形，用点的位置、线的转向、面积大小等形式来表达统计结果。系统软件采用在事故统计管理上常用的折线图（动态曲线图）、直方图和圆形面积比较图。

6.3.3 软件设计

软件设计的主要依据是系统设计阶段划分的模块以及数据库和编码设计。

安全评价和预测系统的开发，需要使用可视化的开发语言来实现，大量事故数据的收集、存储和查询需要具备强大的数据库操作功能。因此，设计的安全评价和预测系统基于 Windows 2000 环境开发，采用了面向对象的可视化开发语言 Visual Basic 6.0 语言作为开发工具。在程序设计过程中，随时可以运行程序，而且在整个应用程序设计好之后，可以编译生成可执行文件（exe），脱离 VB 环境，直接在 Windows 环境下运行。

（1）安全评价模块设计。此模块的结构框图如图 6-19 所示，界面设计如图 6-20 所示。

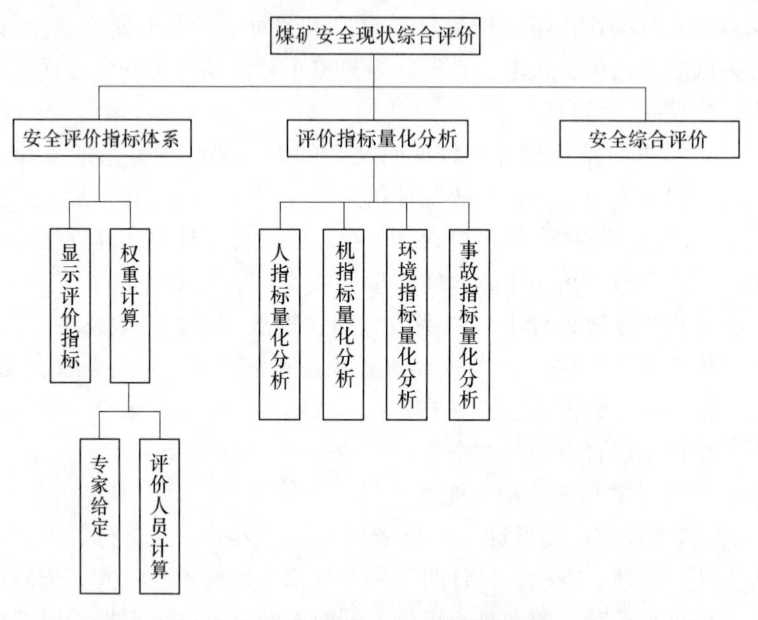

图 6-19 安全评价结构框图

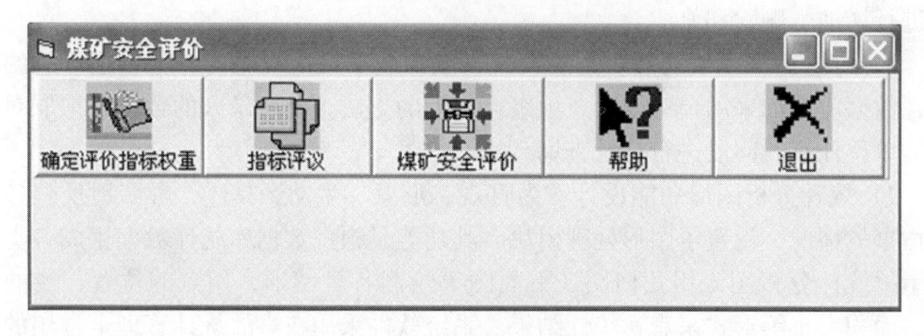

图 6-20 安全评价界面

1）评价指标体系。在这个子系统，主要分为两部分。

①显示评价指标体系。采用 treeview 控件以树状图的形式显示所有评价指标。

②确定评价指标权重。采用单选框按钮（option button 控件）选择指标权重确定方法。在这里设计两种权重确定方法。一是由专家给定，另外是由评价人员按照层次分析法计算过程逐步计算完成。无论采用何种方法最后都显示每一项评价指标的权重。

2）评价指标量化分析。在这部分设计了五个窗体。第一个窗体是指标量化分析起始界面，如图 6-21 所示。首先要确定评议单位（煤矿名称），然后分别单击表示每项指标命令按钮，进入到其他四个评价指标评议窗体。

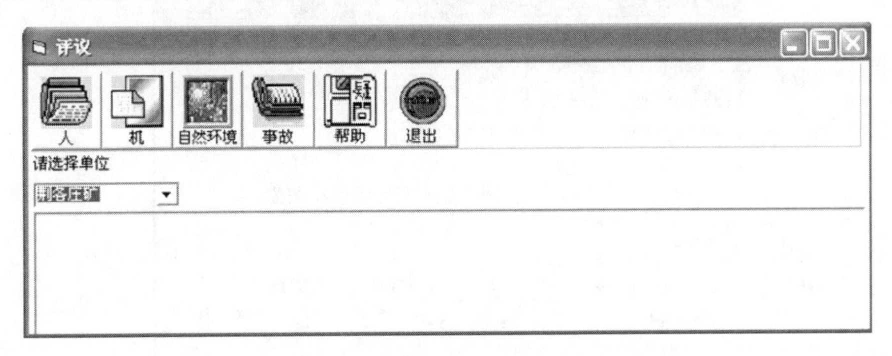

图 6-21 指标量化分析初始界面

以事故评价为例，事故指标下的四项评议子指标分别标示在 Frame 框内，如图 6-22 所示。选择代表评价等级的单选钮（option button），评价指数就会自动写入到文本框内。

图 6-22 事故指标量化

3）安全综合评价。在完成前面的计算步骤后，进入到安全综合评价界面，单击安全综合评价命令按钮显示被评价煤矿评价结果，如图 6-23 所示。

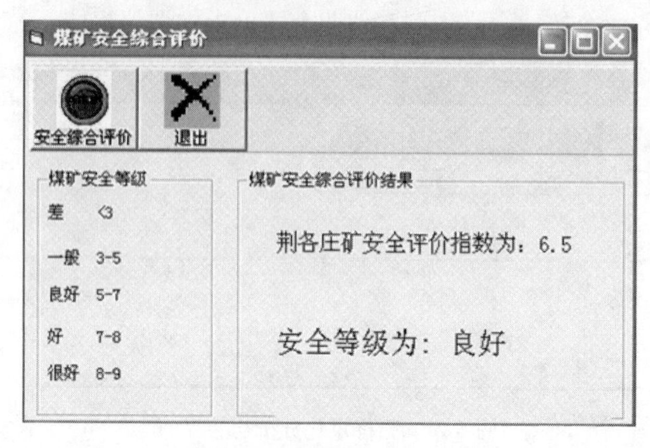

图 6-23　安全综合评价

（2）伤亡事故预测系统模块设计。系统主要是利用前面建立的数据库和预测数学模型进行程序设计。系统框图如图 6-24 所示。

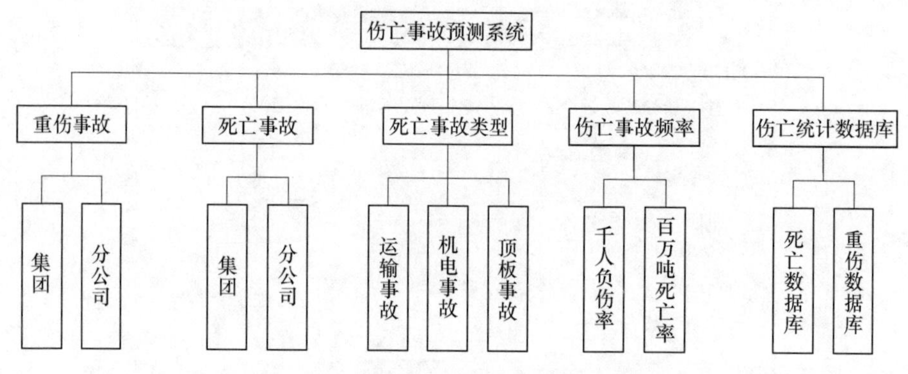

图 6-24　伤亡事故预测系统结构框图

1）ADO 数据访问。Visual Basic 具有强大的数据库操作功能。Visual Basic 6.0 本身提供了强大的数据库访问功能，用户可以使用它提供的数据控件和数据存取对象，非常方便地对数据库进行增加、删除、修改、查询、排序、统计等常规数据库操作。由于伤亡预测系统中的伤亡事故数据结构并不复杂，因此，本系统均采用 Microsoft Access 作为后台数据库开发平台。通过建立 Access 数据库和数据表，利用 ADO 数据库访问技术和 SQL 语言方便地实现了 Visual Basic 6.0 和 Microsoft Access 的无缝连接。

2）SQL 语言。系统中的伤亡统计数据库的查询部分以及数据库维护功能都是通过使用结构化查询语言 SQL 语言来实现的。SQL 是访问数据库的标准语言。通过 SQL 可以完成复杂的数据库操作，而不用考虑如何操作物理数据库的底层细节。同时，SQL 语言是一个非常优化的语言，它用专门的数据库技术和数学算法来提高对数据库访问的速度。SQL 中最经常使用的是从数据库中获取数据。从数据库中获取数据称为查询数据库，查询数据库通过 SELECT 语句实现。

综合运用上面的 ADO 数据访问和 SQL 语言两项技术，系统对于各类伤亡事故和伤亡事故频率分别采用回归预测、时间序列预测和灰色预测方法设计了程序代码，实现伤亡事故趋势预测功能。

6.3.4 程序测试

(1) 程序调试的基本方法。本系统采用的程序测试的基本方法为：

1) 黑盒测试，即不管内部程序是如何编织的，只从外部对模块进行测试。

2) 数据测试，用大量的实际数据测试，测试中要求数据类型齐备，各种“边值”、“端点”都要调试到。

3) 穷举测试，即程序运行各个分枝都要调试到。

4) 操作测试，操作到各种显示、输出全面检查、测试，看是否与结果相一致。

5) 模型测试，通过设计测试模型，计算所有计算结果。

综合应用上述方法，运用结构化程序设计的基本思想，利用注释语句和 VB6 内嵌的调试工具，按程序调试的步骤进行。

(2) 程序调试步骤：

程序调试的主要步骤如图 6-25 所示。

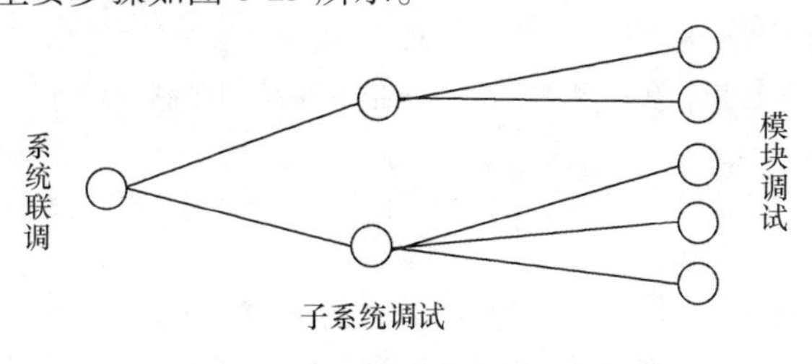

图 6-25 程序调试的主要步骤

1) 模块调试，对各模块进行全面测试，主要测试其内部功能。

2) 分调，对子系统运行有关的各模块实行分调，以考察各模块外部功能以及各模块之间的调用关系的正确性。

3) 联调，在前两步调试结束后，进行联调，以确保各系统之间的关系的正确性。

这种分步骤的测试方法，在操作过程中形成了一个个反馈，由小到大，通过这些反馈很容易发现编程过程中的问题，有利于及时改正错误。

系统试运行阶段主要是对系统进行初始化，输入各原始记录；记录系统运行的数据状况；对系统的输入方式、设计运行、响应速度进行考察和实际测试；到现场进行实际演练，进一步完善软件功能。

参考文献

[1] 张嘉勇．煤矿安全现状综合评价方法研究［D］．唐山：华北理工大学，2005.
[2] 邱利．开滦集团安全决策支持系统的软件开发—安全性分析及安全评价部分［D］．唐山：华北理工大学，2005.
[3] 张爱霞．开滦集团安全评价与预测系统研制［D］．唐山：华北理工大学．2005.
[4] 中国就业培训技术指导中心，中国安全生产协会．安全评价师［M］．北京：中国劳动社会保障出版社，2010.
[5] 张嘉勇，郭立稳，朱令起，等．煤矿灾害事故评价指标体系的构建与应用［J］．矿山机械．2007，35（11）：130~132.
[6] 张嘉勇，郭立稳，邱利，等．模糊数学理论在煤矿巷道稳定性评价中的应用［J］．矿业安全与环保，2007，34（4）：23~25.
[7] 张嘉勇，巩学敏，郭立稳．用层次分析法建立煤矿安全评价指标体系［J］．中国矿业，2006，15（4）：21~23.
[8] 张嘉勇，郭立稳．钱家营7煤工作面周期来压期间瓦斯涌出规律［J］．辽宁工程技术大学学报，2012，31（5）：742~745.
[9] 张嘉勇，龚津莉，王健．金属矿山地下开采安全评价方法研究［J］．黄金，2007，28（6）：21~23.
[10] 张嘉勇，龚津莉，孙波．高瓦斯低透气性工作面瓦斯抽放技术研究［J］．矿山机械，2007，35（6）：34~36.
[11] 邱利，张嘉勇．煤矿巷道稳定性评价［J］．河北理工大学学报，2007，29（3）：6~8.
[12] 张爱霞，朱明，赵亮．开滦煤矿安全管理信息系统的研制开发［J］．矿业研究与开发，2005，25（4）：78~80.
[13] 张爱霞，张云鹏，衣丽芬．灰色系统预测在煤矿安全事故发生趋势预测中的应用［J］河北理工大学学报，2010，32（3）：16~18.
[14] 施式亮．矿井安全非线性动力学评价模型及应用研究［D］．长沙：中南大学，2000.
[15] 沈裴敏．安全系统工程理论与应用［M］．北京：煤炭工业出版社，2001：126~212.
[16] 赵耀江．安全评价理论与方法［M］．北京：煤炭工业出版社，2008.
[17] 陈世江，张飞，等．矿山安全评价［M］．北京：煤炭工业出版社，2014.
[18] 杨勇．矿山安全评价技术［M］．北京：中国劳动社会保障出版社，2012.
[19] 刘双跃．安全评价［M］．北京：冶金工业出版社，2010.
[20] 张乃禄．安全评价技术［M］．西安：西安电子科技大学出版社，2011.
[21] 陈宝智．矿山安全工程［M］．北京：冶金工业出版社，2009.
[22] 田水承，李红霞．煤层开采自燃危险性预先分析与经济防灭火决策［J］．煤炭学报，1998，23（5）：486~491.
[23] 吴立荣，程卫民，吕大炜，等．煤矿坠仓事故原因动态分析与防治对策［J］．山东科技大学学报，2009，28（6）：56~58.
[24] 李珂，王治永．用事件树分析煤矿井下瓦斯事故［J］．能源技术与管理，2011，（3）：110~112.

[25] 李红涛，刘长友，汪理全. 预先危险性分析在上行开采安全预评价中的应用 [J]. 矿业安全与环保，2007，34 (5)：74~76.
[26] 张兴凯. 矿井火灾风险指数评价法 [J]. 安全与环境学报，2006，6 (4)：89~91.
[27] 王轩. 煤矿瓦斯概率风险评价方法研究 [J]. 中国煤炭，2011，37 (10)：96~98.